# 英検3級 重要動

| | | |
|---|---|---|
| 1 **attend** アテンド | 2 **believe** ビリーヴ | 3 **boil** ボイる |
| 6 **contact** カ(ー)ンタクト | 7 **continue** コンティニュ(ー) | 8 **cost** コ(ー)スト |
| 11 **design** ディザイン | 12 **destroy** ディストゥロイ | 13 **enter** エンタァ |
| 16 **feel** ふィーる | 17 **follow** ふァ(ー)ろウ | 18 **guess** ゲス |
| 21 **hurt** ハ～ト | 22 **imagine** | 23 **invent** インヴェント |
| 26 **marry** マリィ | n | 28 **miss** ミス |
| 31 **pass** パス | 32 **pay** ペイ | 33 **perfor** パふォーム |
| 36 **relax** リらックス | 37 **repeat** リピート | 38 **return** リタ～ン |
| 41 **share** シェア | 42 **shut** シャット | 43 **smell** スメる |
| 46 **spread** スプレッド | 47 **steal** スティーる | 48 **taste** テイスト |

# 詞50 を覚えよう!

意味

| | | |
|---|---|---|
| | 4 を借りる | 5 を祝う |
| いる | 9 (を) 数える | 10 (を) 決める |
| | 14 を交換(こうかん)する | 15 (を) 説明する |
| (を) 推測(すいそく) | 19 (会など) を開く，を持つ | 20 を望む，を願う |
| | 24 をける | 25 を貸(か)す |
| をし損(そこ)なう，<br>しく思う | 29 を動かす，動く，引っ越(こ)す | 30 (を) 注文する |
| (を) 演(えん)じ<br>奏する | 34 を保護(ほご)する | 35 を受け取る |
| る | 39 を救(すく)う，を貯(た)める，を節約する | 40 (食事など) を出す |
| のにおいが<br>おいをかぐ | 44 ほほえむ | 45 (時間) を過(す)ごす，(お金など) を使う |
| ) の味が | 49 (を) 曲がる，を回す，回る | 50 を無駄(むだ)に使う |

# 英検3級 重要動

| | | |
|---|---|---|
| 1 に出席する | 2 (を)信じる | 3 をゆでる |
| 6 に連絡をとる | 7 を続ける，続く | 8 (費用)がか |
| 11 をデザイン[設計]する | 12 を破壊する | 13 (に)入る |
| 16 (体調・気分を)感じる | 17 に従う，について行く | 18 …だと思う，する |
| 21 を傷つける，にけがをさせる，痛む | 22 を想像する | 23 を発明する |
| 26 (と)結婚する | 27 を意味する | 28 に乗り遅れる，がいなくてさ |
| 31 (に)合格する，を手渡す | 32 (を)支払う | 33 を上演する，る，(を)演 |
| 36 くつろぐ | 37 (を)繰り返して言う | 38 を返す，戻 |
| 41 を共有する，を分け合う | 42 を閉める，閉まる | 43 (形容詞の前で)する，(の)に |
| 46 を広げる，広がる | 47 を盗む | 48 (形容詞の前でする |

| | |
|---|---|
| 4 **borrow** ボーロウ | 5 **celebrate** セれブレイト |
| 9 **count** カウント | 10 **decide** ディサイド |
| 14 **exchange** イクスチェインヂ | 15 **explain** イクスプれイン |
| 19 **hold** ホウるド | 20 **hope** ホウプ |
| 24 **kick** キック | 25 **lend** れンド |
| 29 **move** ムーヴ | 30 **order** オーダァ |
| 34 **protect** プロテクト | 35 **receive** リスィーヴ |
| 39 **save** セイヴ | 40 **serve** サ～ヴ |
| 44 **smile** スマイる | 45 **spend** スペンド |
| 49 **turn** タ～ン | 50 **waste** ウェイスト |

m

# 英検3級 重要名

| | | |
|---|---|---|
| 1 **accident** アクスィデント | 2 **activity** アクティヴィティ | 3 **actor** アクタァ |
| 6 **capital** キャピトゥる | 7 **century** センチュリィ | 8 **ceremo** セレモウニィ |
| 11 **company** カンパニィ | 12 **culture** カるチャ | 13 **differen** ディふ(ァ)レン |
| 16 **floor** ふろー | 17 **habit** ハビット | 18 **health** へるす |
| 21 **interview** インタヴュー  | 22 **meal** ミーる | 23 **meanin** ミーニング |
| 26 **model** マ(ー)ドゥる | 27 **nature** ネイチャ | 28 **novel** ナ(ー)ヴ(ェ)る |
| 31 **plan** プらン | 32 **pollution** ポるーション | 33 **pond** パ(ー)ンド |
| 36 **reason** リーズン | 37 **recipe** レスィピ  | 38 **reporte** リポータァ |
| 41 **schedule** スケヂューる | 42 **secret** スィークレット | 43 **space** スペイス |
| 46 **street** ストゥリート  | 47 **symbol** スィンボる | 48 **tourna** トゥアナメント |

## 詞50を覚えよう！

意味

| | | |
|---|---|---|
| | 4 住所，(メールの)アドレス | 5 水族館 |
| | 9 機会 | 10 シェフ，料理長 |
| | 14 環境(かんきょう) | 15 飛行機の便，飛行 |
| | 19 趣味(しゅみ) | 20 考え，アイデア |
| | 24 会合，会議 | 25 思い出，記憶(きおく)(力(りょく)) |
| 説 | 29 意見 | 30 場所 |
| | 34 賞(しょう)，賞品(しょうひん) | 35 約束 |
| 員 | 39 道路，道 | 40 規則(きそく)，ルール |
| | 44 スピーチ，演説(えんぜつ) | 45 切手 |
| ト，選手権(せんしゅけん) | 49 方法，道，方向 | 50 優勝者(ゆうしょうしゃ)，勝利者 |

# 英検3級 重要名

| | | |
|---|---|---|
| 1 事故 | 2 活動 | 3 俳優 |
| 6 首都 | 7 世紀 | 8 式，儀式 |
| 11 会社 | 12 文化 | 13 違い |
| 16 (建物の) 階，床 | 17 習慣 | 18 健康 |
| 21 面接，面談，インタビュー | 22 食事 | 23 意味 |
| 26 模型，型，モデル | 27 自然 | 28 (長編の) 小 |
| 31 予定，計画 | 32 汚染，公害 | 33 池 |
| 36 理由 | 37 (料理の) 作り方，調理法 | 38 記者，通信 |
| 41 予定 | 42 秘密 | 43 宇宙，空間 |
| 46 通り | 47 象徴 | 48 トーナメン 試合［大会] |

| | | |
|---|---|---|
|  | 4 **address** アドゥレス | 5 **aquarium** アクウェ(ア)リアム |
| ony | 9 **chance** チャンス | 10 **chef** シェふ  |
| nce ス | 14 **environment** インヴァイ(ア)ロンメント | 15 **flight** ふらイト |
| | 19 **hobby** ハ(ー)ビィ | 20 **idea** アイディ(ー)ア |
| g | 24 **meeting** ミーティング  | 25 **memory** メモリィ |
| | 29 **opinion** オピニョン | 30 **place** プれイス |
|  | 34 **prize** プライズ | 35 **promise** プラ(ー)ミス |
| er | 39 **road** ロウド | 40 **rule** ルーる |
| | 44 **speech** スピーチ | 45 **stamp** スタンプ  |
| ment | 49 **way** ウェイ | 50 **winner** ウィナァ |

文部科学省後援

# 英検® 3級

# でる順パス単 書き覚えノート



改訂版

旺文社

## はじめに

「単語がなかなか覚えられない」「単語集を何度見てもすぐに忘れてしまう」という声をよく聞きます。英検の対策をする上で，単語学習はとても重要です。しかし，どうやって単語学習を進めればいいのかわからない，自分のやり方が正しいのか自信がない，という悩みをかかえている人も多くいると思います。『英検３級 でる順パス単 書き覚えノート［改訂版］』は，そういった学習の悩みから生まれた「書いて覚える」単語学習のサポート教材です。

本書の特長は，以下の３つです。

1. 「書いて，聞いて，発音して覚える」方法で効果的に記憶できる
2. 日本語（意味）から英語に発想する力を養うことができる
3. 「復習テスト」で単熟語を覚えているかどうか自分で確認することができる

単熟語を実際に書きこんで手を動かすことは，記憶に残すためにとても効果的な方法です。ただ単語集を覚えてそのままにしておくのではなく，本書に沿って継続的に単語学習を進めていきましょう。「書いて」→「復習する」というステップを通して確実に記憶の定着につなげることができるでしょう。本書での学習がみなさんの英検合格につながることを心より願っています。

**本書とセットで使うと効果的な書籍のご紹介**

本書に収録されている内容は，単語集『英検３級 でる順パス単［5訂版］』に基づいています。単語集には，単語の意味のほかに同意語や用例なども含まれており，単語のイメージや使われ方を確認しながら覚えることができます。また，単語・熟語のほかに会話表現も収録しています。

# もくじ




編集協力：山下鉄也，株式会社 鷗来堂　組版協力：幸和印刷株式会社
装丁デザイン：及川真咲デザイン事務所（浅海新菜）　本文 & ポスターデザイン：伊藤幸恵
イラスト：三木謙次，大島千明（ポスター）

# 本書の構成

## 単語編

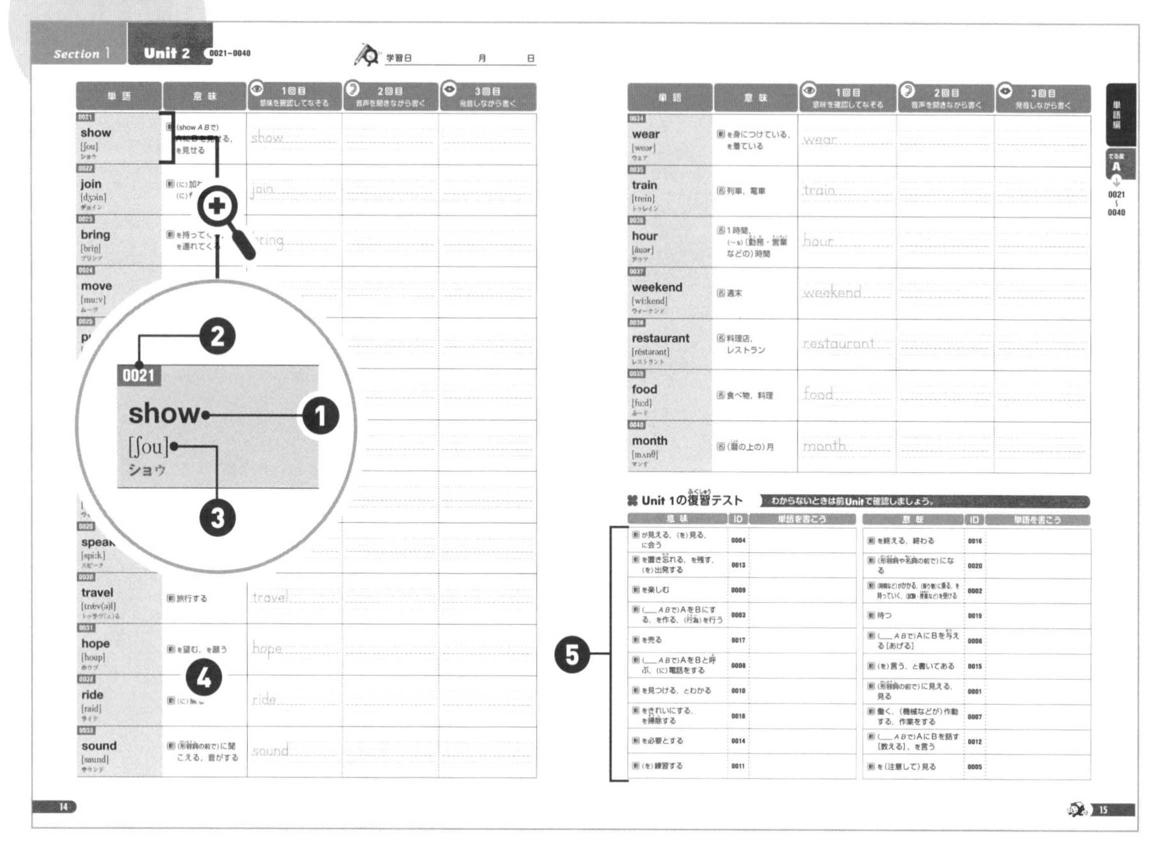


### ❶ 見出し語

『英検３級 でる順パス単 [5訂版]』に掲載されている単語・熟語です。

### ❷ 見出し語（ID）番号

見出し語には単語編・熟語編を通して0001～1200の番号が振られています。『英検３級 でる順パス単 [5訂版]』の見出し語（ID）番号に対応しています。

### ❸ 発音記号

見出し語の読み方を表す記号です。主にアメリカ発音を採用しています。（詳細はp.9参照）

### ❹ 意味

見出し語の意味は原則として『英検３級 でる順パス単 [5訂版]』に準じて掲載しています。ただし，同意語や反意語，派生関係にある語，用例などは掲載しないなど，一部変更しています。

＊基本的に『英検3級 でる順パス単 [5訂版]』の書体（フォント）にそろえていますが，なぞる部分では手書き文字に近い書体を使っています。

＊単語編の見出し語には，アメリカ発音のカタカナ読みが付いています。基本はカタカナで示していますが，日本語の発音にないものはひらがなになっております。また，一番強く発する箇所は太字で表しています。

1 Unit が単語，熟語ともに 20 ずつ区切られており，これが 1 回分の学習の目安となります。

本書の利用法については p.6 以降を参照してください。

## 熟語編

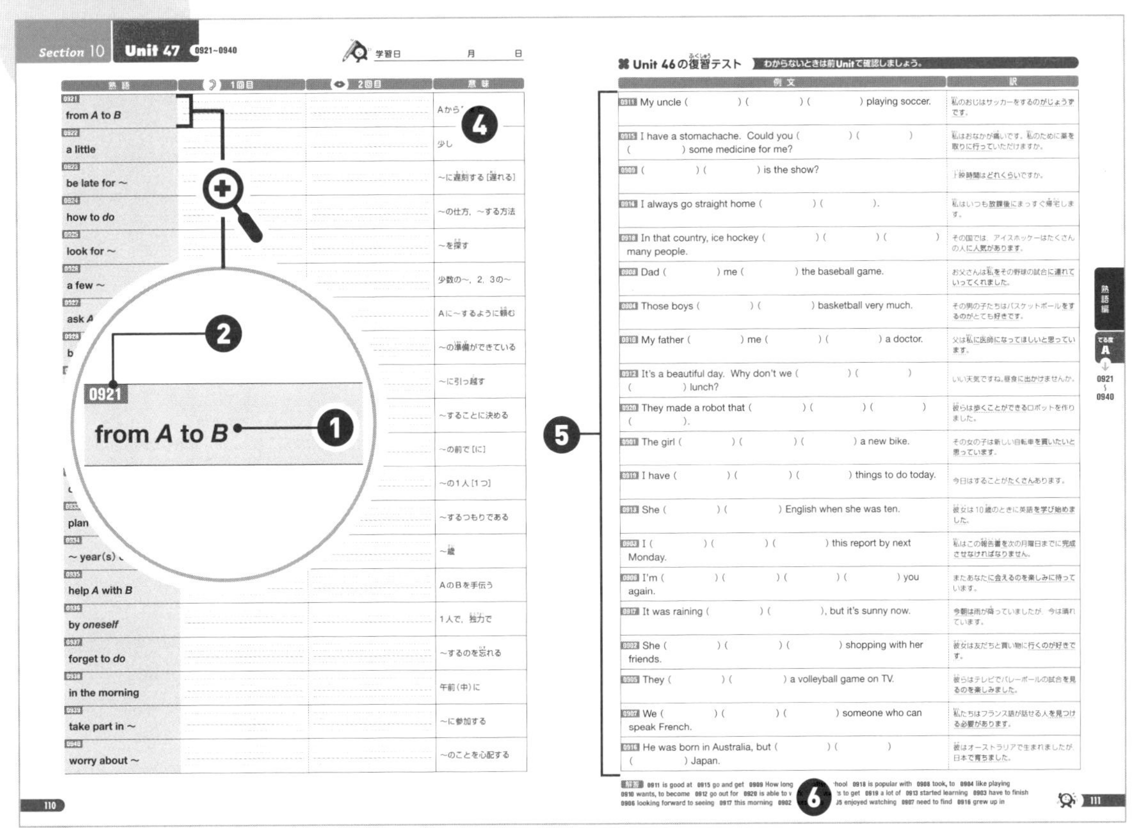


| | 熟語 | 1回目 | 2回目 | 意味 |
|---|---|---|---|---|
| 0921 | from A to B | | | Aから… |
| 0922 | a little | | | 少し |
| 0923 | be late for ~ | | | ~に遅刻する［遅れる］ |
| 0924 | how to do | | | ~の仕方，~する方法 |
| 0925 | look for ~ | | | ~を探す |
| 0926 | a few ~ | | | 少数の~，2，3の~ |
| 0927 | ask A … | | | Aに~するように頼む |
| 0928 | b… | | | ~の準備ができている |
| | | | | ~に引っ越す |
| | | | | ~することに決める |
| | | | | ~の前で［に］ |
| | | | | ~の1人［1つ］ |
| | plan … | | | ~するつもりである |
| | ~ year(s) … | | | ~歳 |
| 0935 | help A with B | | | AのBを手伝う |
| 0936 | by oneself | | | 1人で，独力で |
| 0937 | forget to do | | | ~するのを忘れる |
| 0938 | in the morning | | | 午前(中)に |
| 0939 | take part in ~ | | | ~に参加する |
| 0940 | worry about ~ | | | ~のことを心配する |

Unit 46 の復習テスト　わからないときは前Unitで確認しましょう。

| 例文 | 訳 |
|---|---|
| 0911 My uncle (　) (　) (　) playing soccer. | 私のおじはサッカーをするのがじょうずです。 |
| 0915 I have a stomachache. Could you (　) (　) (　) some medicine for me? | 私はおなかが痛いです。私のために薬を取りに行っていただけますか。 |
| 0909 (　) (　) is the show? | ショー時間はどれくらいですか。 |
| 0914 I always go straight home (　) (　). | 私はいつも放課後にまっすぐ帰宅します。 |
| 0918 In that country, ice hockey (　) (　) (　) many people. | その国では，アイスホッケーはたくさんの人に人気があります。 |
| 0908 Dad (　) me (　) the baseball game. | お父さんは私をその野球の試合に連れていってくれました。 |
| 0904 Those boys (　) (　) basketball very much. | その男の子たちはバスケットボールをするのがとても好きです。 |
| 0910 My father (　) me (　) (　) a doctor. | 父は私に医師になってほしいと思っています。 |
| 0912 It's a beautiful day. Why don't we (　) (　) (　) lunch? | いい天気ですね。昼食に出かけませんか。 |
| 0920 They made a robot that (　) (　) (　) (　). | 彼らは歩くことができるロボットを作りました。 |
| 0901 The girl (　) (　) (　) a new bike. | その女の子は新しい自転車を買いたいと思っています。 |
| 0919 I have (　) (　) (　) things to do today. | 今日はすることがたくさんあります。 |
| 0913 She (　) (　) English when she was ten. | 彼女は10歳のときに英語を学び始めました。 |
| 0903 I (　) (　) (　) this report by next Monday. | 私はこの報告書を次の月曜日までに完成させなければなりません。 |
| 0906 I'm (　) (　) (　) (　) you again. | またあなたに会えるのを楽しみに待っています。 |
| 0917 It was raining (　) (　), but it's sunny now. | 今朝は雨が降っていましたが，今は晴れています。 |
| 0902 She (　) (　) (　) shopping with her friends. | 彼女は友だちと買い物に行くのが好きです。 |
| 0905 They (　) (　) a volleyball game on TV. | 彼らはテレビでバレーボールの試合を見るのを楽しみました。 |
| 0907 We (　) (　) (　) someone who can speak French. | 私たちはフランス語が話せる人を見つける必要があります。 |
| 0916 He was born in Australia, but (　) (　) (　) Japan. | 彼はオーストラリアで生まれましたが，日本で育ちました。 |

解答 0911 is good at 0915 go and get 0909 How long … 0918 is popular with 0908 took, to 0904 like playing 0910 wants, to become 0912 go out for 0920 is able to … to get 0919 a lot of 0913 started learning 0903 have to finish 0906 looking forward to seeing 0917 this morning 0902 … enjoyed watching 0907 need to find 0916 grew up in

110　111

### ❺ 復習テスト

1 つ前の Unit で学習した単語・熟語の復習テストです。空欄に単語・熟語を記入しましょう。

### ❻ 復習テスト解答

熟語編の復習テストは下に解答を記載しています。別解がある場合も，原則として解答は 1 つのみ掲載しています。

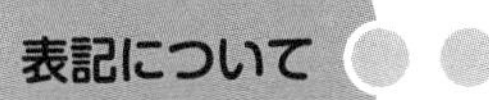

## 表記について

動 動詞　名 名詞　形 形容詞　副 副詞　前 前置詞

接 接続詞　代 代名詞　助 助動詞

(　) …… 省略可能／補足説明　　[　] …. 直前の語句と言い換え可能

*A, B* ……… A，B に異なる語句が入る　　~ ……… ~の部分に語句が入る

*one's, oneself* ‥ 人を表す語句が入る　　*do* ……… 動詞の原形が入る

*doing* …… 動名詞，現在分詞が入る　　to *do* …. 不定詞が入る

# 本書の特長と利用法

## 単語編

Section 1 Unit 2 0021~0040 学習日 月 日

| 単語 | 意味 | 1回目 意味を確認してなぞる | 2回目 音声を聞きながら書く | 3回目 発音しながら書く |
|---|---|---|---|---|
| 0021 show [ʃou] ショウ | 動 (show A Bで) AにBを見せる, を見せる | show | | |
| 0022 join [dʒɔin] ヂョイン | 動 (に)加わる, (に)参加する | join | | |
| 0023 bring [briŋ] ブリング | 動 を持ってくる, を連れてくる | bring | | |
| 0024 move [muːv] ムーヴ | 動 を動かす, 動く, 引っ越す | move | | |
| 0025 put [put] プット | 動 を置く | pu | | |
| 0026 drive [draiv] ドゥライヴ | 動 (人)を車で送る, 運転する | drive | | |
| [win] ウィン | 動 (に)勝つ, を勝ち取る | | | |
| 0029 speak [spiːk] スピーク | 動 (を)話す | speak | | |
| 0030 travel [trǽv(ə)l] トゥラヴ(ェ)る | 動 旅行する | travel | | |
| 0031 hope [houp] ホウプ | 動 を望む, を願う | hope | | |
| 0032 ride [raid] ライド | 動 (に)乗る | ride | | |
| 0033 sound [saund] サウンド | 動 (形容詞の前で)に聞こえる, 音がする | sound | | |

| 単語 | 意味 | 1回目 意味を確認してなぞる | 2回目 音声を聞きながら書く | 3回目 発音しながら書く |
|---|---|---|---|---|
| 0034 wear [weər] ウェア | 動 を身につけている, を着ている | wear | | |
| 0035 train [trein] トゥレイン | 名 列車, 電車 | train | | |
| 0036 hour [áuər] アウア | 名 1時間, (~s) (勤務・営業などの)時間 | hour | | |
| 0037 weekend [wíːkend] ウィーケンド | 名 週末 | weekend | | |
| 0038 restaurant [réstərənt] レストラント | 名 料理店, レストラン | restaurant | | |
| 0039 food [fuːd] フード | 名 食べ物, 料理 | food | | |

単語編 てる度 A 0021～0040

…の復習テスト …ときは前Unitで確認しま…

| 意味 | ID | 単語を書こう |
|---|---|---|
| 動 が見える, (を)見る, に会う | 0004 | |
| 動 を置き忘れる, を残す, (を)出発する | 0013 | |
| 動 を楽しむ | 0009 | |
| 動 (___ A Bで)AをBにする, を作る, (行為)を行う | 0003 | |
| 動 を売る | 0017 | |
| 動 (___ A Bで)AをBと呼ぶ, (に)電話をする | 0008 | |
| 動 を見つける, とわかる | 0010 | |
| 動 をきれいにする, を掃除する | 0018 | |
| 動 を必要とする | 0014 | |
| 動 (を)練習する | 0011 | |
| 動 を終える, 終わる | 0016 | |
| 動 (形容詞や名詞の前で)になる | 0020 | |
| 動 (時間など)がかかる, (乗り物)に乗る, を持っていく, (試験・授業など)を受ける | 0002 | |
| | 0019 | |
| …)AにBを与え… | 0006 | |
| …と書いてある | 0015 | |
| …の前で)に見える, … | 0001 | |
| 動 働く, (機械などが)作動する, 作業をする | 0007 | |
| 動 (___ A Bで)AにBを話す[教える], を言う | 0012 | |
| 動 を(注意して)見る | 0005 | |

14 15

### 1 書いて記憶

まず, 左欄の「単語」と「意味」を確認します。1回目は「意味を確認してなぞる」, 2回目は「音声を聞きながら書く」, 3回目は「発音しながら書く」流れになっています。

### 2 復習テスト

1つ前のUnitのすべての単語の意味がランダムに並んでいるので, その意味を思い出して書きます。前のUnitで見出し語(ID)番号の一致する単語を見て答え合わせをします。

### ポスター「重要動詞50を覚えよう!」,「重要名詞50を覚えよう!」

「重要動詞50を覚えよう!」「重要名詞50を覚えよう!」では, 単語編に収録された語の中から特に覚えておきたい動詞や名詞を50語ずつ掲載しています。表面に単語(英語), 裏面に意味(日本語)を載せていますので, 好きな面を貼って学習しましょう。

# 熟語編

Section 10 Unit 47 0921～0940　学習日　月　日

| 熟語 | 1回目 | 2回目 | 意味 |
|---|---|---|---|
| 0921 from *A* to *B* | | | AからBまで |
| 0922 a little | | | 少し |
| 0923 be late for ～ | | | ～に遅刻する［遅れる］ |
| 0924 how to *do* | | | ～の仕方，～する方法 |
| 0925 look for ～ | | | ～を探す |
| 0926 a few ～ | | | 少数の～，2，3の～ |
| 0927 ask *A* to *do* | | | Aに～するように頼む |
| 0928 be ready for ～ | | | ～の準備ができている |
| 0929 move to ～ | | | ～に引っ越す |
| 0930 decide to *do* | | | ～することに決める |
| 0931 in front of ～ | | | ～の前で［に］ |
| 0932 one of ～ | | | ～の1人［1つ］ |
| 0933 plan to *do* | | | ～するつもりである |
| 0934 ～ year(s) old | | | ～歳 |
| 0935 help *A* with *B* | | | AのBを手伝う |
| 0936 by *oneself* | | | 1人で，独力で |
| 0937 forget to *do* | | | ～するのを忘れる |
| 0938 in the morning | | | 午前（中）に |
| 0939 take part in ～ | | | ～に参加する |
| 0940 worry about ～ | | | ～のことを心配する |

110

## 1 書いて記憶

左欄の「熟語」と右欄の「意味」を確認します。1回目は「音声を聞きながら」，2回目は「発音しながら」書きます。意味をイメージしながら書いてみましょう。

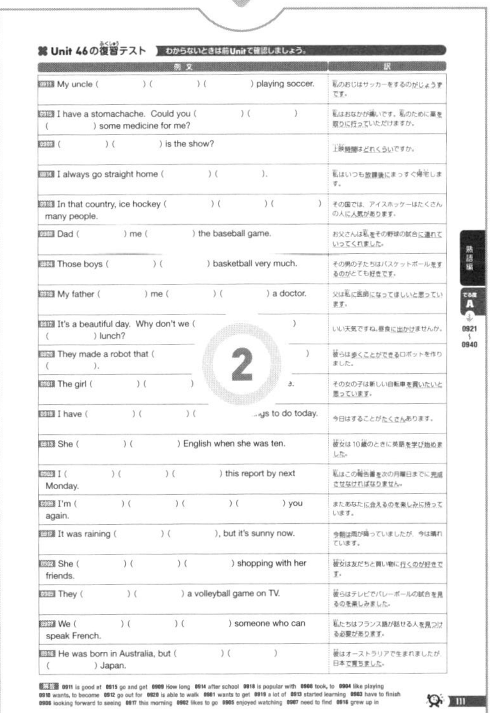

Unit 46の復習テスト　わからないときは前Unitで確認しましょう。

| 例文 | 訳 |
|---|---|
| 0911 My uncle (　) (　) (　) playing soccer. | 私のおじはサッカーをするのがじょうずです。 |
| 0915 I have a stomachache. Could you (　) (　) (　) some medicine for me? | 私はおなかが痛いです。私のために薬を取りに行っていただけますか。 |
| 0909 (　) (　) is the show? | 上映時間はどれくらいですか。 |
| 0914 I always go straight home (　) (　). | 私はいつも放課後にまっすぐ帰宅します。 |
| 0918 In that country, ice hockey (　) (　) (　) many people. | その国では，アイスホッケーはたくさんの人に人気があります。 |
| 0908 Dad (　) me (　) the baseball game. | お父さんは私をその野球の試合に連れていってくれました。 |
| 0904 Those boys (　) (　) basketball very much. | その男の子たちはバスケットボールをするのがとても好きです。 |
| 0910 My father (　) me (　) (　) a doctor. | 父は私に医師になってほしいと思っています。 |
| 0912 It's a beautiful day. Why don't we (　) (　) lunch? | いい天気ですね。昼食に出かけませんか。 |
| 0920 They made a robot that (　) (　). | 彼らは歩くことができるロボットを作りました。 |
| 0901 The girl (　) (　) e. | その女の子は新しい自転車を買いたいと思っています。 |
| 0919 I have (　) (　) (　) ...gs to do today. | 今日はすることがたくさんあります。 |
| 0913 She (　) (　) English when she was ten. | 彼女は10歳のときに英語を学び始めました。 |
| 0903 I (　) (　) (　) this report by next Monday. | 私はこの報告書を次の月曜日までに完成させなければなりません。 |
| 0906 I'm (　) (　) (　) (　) you again. | またあなたに会えるのを楽しみに待っています。 |
| 0917 It was raining (　) (　), but it's sunny now. | 今朝は雨が降っていましたが，今は晴れています。 |
| 0902 She (　) (　) (　) shopping with her friends. | 彼女は友だちと買い物に行くのが好きです。 |
| 0905 They (　) (　) a volleyball game on TV. | 彼らはテレビでバレーボールの試合を見るのを楽しみました。 |
| 0907 We (　) (　) (　) someone who can speak French. | 私たちはフランス語が話せる人を見つける必要があります。 |
| 0916 He was born in Australia, but (　) (　) (　) Japan. | 彼はオーストラリアで生まれましたが，日本で育ちました。 |

解答　0911 is good at　0915 go and get　0909 How long　0914 after school　0918 is popular with　0908 took, to　0904 like playing　0910 wants, to become　0912 go out for　0920 is able to walk　0901 wants to get　0919 a lot of　0913 started learning　0903 have to finish　0906 looking forward to seeing　0917 this morning　0902 likes to go　0905 enjoyed watching　0907 need to find　0916 grew up in

熟語編　でる度A　0921～0940

111

## 2 復習テスト

1つ前のUnitで学習した熟語の例文がランダムに並んでいます。訳文中の下線＋赤字の意味にあたる熟語を思い出して空欄に書きます。すべて解き終わったら，解答で確認しましょう。

## ワードリスト

復習テストでわからなかった単語・熟語をチェックして，巻末の「ワードリスト」に書きためておきましょう。覚えられるまで何度もくり返し書きましょう。

# 音声について

本書に掲載(けいさい)されている見出し語の音声(英語)を，公式アプリ「英語の友」(iOS/Android)を使ってスマートフォンやタブレットでお聞きいただけます。

## ● ご利用方法

**1** 「英語の友」公式サイトより，アプリをインストール

英語の友

URL：**https://eigonotomo.com/**

左記のQRコードから読みこめます。

**2** アプリ内のライブラリより『**英検3級でる順パス単 5訂版**』の「追加」ボタンをタップ

⚠ 『英検3級でる順パス単書き覚えノート 改訂版』はライブラリにはありません。『**英検3級でる順パス単 5訂版**』を選択してください。

**3** 画面下の「**単語**」をタップして「単語モード」を再生

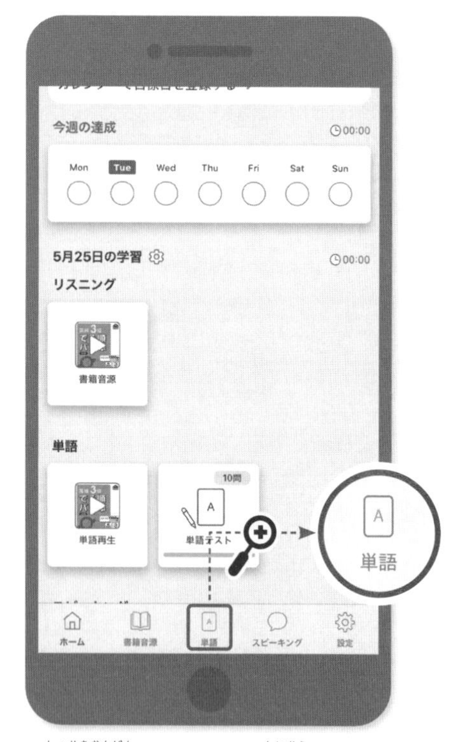


⚠ 「書籍音源モード」には対応していません。**「単語モード」**を選んで再生してください。

※デザイン，仕様等は予告なく変更される場合があります。
※本アプリの機能の一部は有料ですが，本書の音声は無料でお聞きいただけます。
※詳しいご利用方法は「英語の友」公式サイト，あるいはアプリ内のヘルプをご参照ください。
※本サービスは予告なく終了することがあります。

# 発音記号について

発音記号は「´」が付いている部分を，カナ発音は太字をいちばん強く発音します。
カナ発音はあくまでも目安です。

## ● 母音

| 発音記号 | カナ発音 | 例 | | 発音記号 | カナ発音 | 例 | |
|---|---|---|---|---|---|---|---|
| [iː] | イー | eat | [iːt **イー**ト] | [ʌ] | ア | just | [dʒʌst **チャ**スト] |
| [i] | イ ※1 | sit | [sit **スィ**ット] | [ə] | ア ※2 | about | [əbáut ア**バ**ウト] |
| [e] | エ | ten | [ten **テ**ン] | [ər] | アァ | computer | [kəmpjúːtər コン**ピュ**ータァ] |
| [æ] | ア | bank | [bæŋk **バ**ンク] | [əːr] | ア～ | nurse | [nəːrs **ナ～**ス] |
| [ɑ] | ア | stop | [stɑ(ː)p **スタ**(ー)ップ] | [ei] | エイ | day | [dei **デ**イ] |
| [ɑː] | アー | father | [fɑ́ːðər **ふァー**ざァ] | [ou] | オウ | go | [gou **ゴ**ウ] |
| [ɑːr] | アー | card | [kɑːrd **カー**ド] | [ai] | アイ | time | [taim **タ**イム] |
| [ɔ] | オ | song | [sɔ(ː)ŋ **ソ**(ー)ング] | [au] | アウ | out | [aut **ア**ウト] |
| [ɔː] | オー | all | [ɔːl **オー**る] | [ɔi] | オイ | boy | [bɔi **ボ**イ] |
| [ɔːr] | オー | before | [bifɔ́ːr ビ**ふォー**] | [iər] | イア | ear | [iər **イ**ア] |
| [u] | ウ | good | [gud **グ**ッド] | [eər] | エア | hair | [heər **ヘ**ア] |
| [uː] | ウー | zoo | [zuː **ズー**] | [uər] | ウア | your | [juər **ユ**ア] |

※1…[i] を強く発音しない場合は[エ]と表記することがあります。
※2…[ə] は前後の音によって[イ][ウ][エ][オ]と表記することがあります。

## ● 子音

| 発音記号 | カナ発音 | 例 | | 発音記号 | カナ発音 | 例 | |
|---|---|---|---|---|---|---|---|
| [p] | プ | put | [put **プ**ット] | [ð] | ず | those | [ðouz **ぞ**ウズ] |
| [b] | ブ | bed | [bed **ベ**ッド] | [s] | ス | salad | [sǽləd **サ**らッド] |
| [t] | ト | tall | [tɔːl **トー**る] | [z] | ズ | zoo | [zuː **ズー**] |
| [d] | ド | door | [dɔːr **ドー**] | [ʃ] | シ | short | [ʃɔːrt **ショー**ト] |
| [k] | ク | come | [kʌm **カ**ム] | [ʒ] | ジ | usually | [júːʒu(ə)li **ユー**ジュ(ア)りィ] |
| [g] | グ | good | [gud **グ**ッド] | [r] | ル | ruler | [rúːlər **ルー**らァ] |
| [m] | ム | movie | [múːvi **ムー**ヴィ] | [h] | フ | help | [help **へ**るプ] |
| | ン | camp | [kæmp **キャ**ンプ] | [tʃ] | チ | chair | [tʃeər **チェ**ア] |
| [n] | ヌ | next | [nekst **ネ**クスト] | [dʒ] | ヂ | jump | [dʒʌmp **ヂャ**ンプ] |
| | ン | rain | [rein **レ**イン] | [j] | イ | year | [jiər **イ**ア] |
| [ŋ] | ング | sing | [siŋ **スィ**ング] | | ユ | you | [juː **ユー**] |
| [l] | る | like | [laik **ら**イク] | [w] | ウ | walk | [wɔːk **ウォー**ク] |
| [f] | ふ | food | [fuːd **ふー**ド] | | ワ | work | [wəːrk **ワ～**ク] |
| [v] | ヴ | very | [véri **ヴェ**リィ] | [ts] | ツ | its | [its **イ**ッツ] |
| [θ] | す | think | [θiŋk **すィ**ンク] | [dz] | ヅ | needs | [niːdz **ニー**ヅ] |

# 学習管理表

1日1 Unit を目安に進めていきましょう。
その日の学習が終わったら下の表の／部分に日付を記入して記録を付けていきましょう。

| | | | | | | | | | |
|---|---|---|---|---|---|---|---|---|---|
| Unit 1 | ／ | Unit 2 | ／ | Unit 3 | ／ | Unit 4 | ／ | Unit 5 | ／ |
| Unit 6 | ／ | Unit 7 | ／ | Unit 8 | ／ | Unit 9 | ／ | Unit 10 | ／ |
| Unit 11 | ／ | Unit 12 | ／ | Unit 13 | ／ | Unit 14 | ／ | Unit 15 | ／ |
| Unit 16 | ／ | Unit 17 | ／ | Unit 18 | ／ | Unit 19 | ／ | Unit 20 | ／ |
| Unit 21 | ／ | Unit 22 | ／ | Unit 23 | ／ | Unit 24 | ／ | Unit 25 | ／ |
| Unit 26 | ／ | Unit 27 | ／ | Unit 28 | ／ | Unit 29 | ／ | Unit 30 | ／ |
| Unit 31 | ／ | Unit 32 | ／ | Unit 33 | ／ | Unit 34 | ／ | Unit 35 | ／ |
| Unit 36 | ／ | Unit 37 | ／ | Unit 38 | ／ | Unit 39 | ／ | Unit 40 | ／ |
| Unit 41 | ／ | Unit 42 | ／ | Unit 43 | ／ | Unit 44 | ／ | Unit 45 | ／ |
| Unit 46 | ／ | Unit 47 | ／ | Unit 48 | ／ | Unit 49 | ／ | Unit 50 | ／ |
| Unit 51 | ／ | Unit 52 | ／ | Unit 53 | ／ | Unit 54 | ／ | Unit 55 | ／ |
| Unit 56 | ／ | Unit 57 | ／ | Unit 58 | ／ | Unit 59 | ／ | Unit 60 | ／ |

# 単語編

でる度 A 常にでる基本単語 300

| 単語 | 意味 | 1回目 意味を確認してなぞる | 2回目 音声を聞きながら書く | 3回目 発音しながら書く |
|---|---|---|---|---|
| 0001 **look** [luk] るック | 動 (形容詞の前で)に見える，見る | look | | |
| 0002 **take** [teik] テイク | 動 (時間など)がかかる，(乗り物)に乗る，を持っていく，(試験・授業など)を受ける | take | | |
| 0003 **make** [meik] メイク | 動 (make *A B*で)AをBにする，を作る，(行為)を行う | make | | |
| 0004 **see** [siː] スィー | 動 が見える，(を)見る，に会う | see | | |
| 0005 **watch** [wɑ(ː)tʃ] ワ(ー)ッチ | 動 を(注意して)見る | watch | | |
| 0006 **give** [giv] ギヴ | 動 (give *A B*で)AにBを与える[あげる] | give | | |
| 0007 **work** [wəːrk] ワ～ク | 動 働く，(機械などが)作動する，作業をする | work | | |
| 0008 **call** [kɔːl] コーる | 動 (call *A B*で)AをBと呼ぶ，(に)電話をする | call | | |
| 0009 **enjoy** [indʒɔ́i] インヂョイ | 動 を楽しむ | enjoy | | |
| 0010 **find** [faind] ふァインド | 動 を見つける，とわかる | find | | |
| 0011 **practice** [prǽktis] プラクティス | 動 (を)練習する | practice | | |
| 0012 **tell** [tel] テる | 動 (tell *A B*で)AにBを話す[教える]，を言う | tell | | |
| 0013 **leave** [liːv] りーヴ | 動 を置き忘れる，を残す，(を)出発する | leave | | |

| 単 語 | 意 味 | 1回目 意味を確認してなぞる | 2回目 音声を聞きながら書く | 3回目 発音しながら書く |
|---|---|---|---|---|
| 0014 **need** [ni:d] ニード | 動 を必要とする | need | | |
| 0015 **say** [sei] セイ | 動 (を)言う, と書いてある | say | | |
| 0016 **finish** [fíniʃ] ふィニッシ | 動 を終える, 終わる | finish | | |
| 0017 **sell** [sel] セる | 動 を売る | sell | | |
| 0018 **clean** [kli:n] クリーン | 動 をきれいにする, を掃除(そうじ)する | clean | | |
| 0019 **wait** [weit] ウェイト | 動 待つ | wait | | |
| 0020 **become** [bikʌ́m] ビカム | 動 (形容詞(けいようし)や名詞(めいし)の前で)になる | become | | |

学習日 月 日

| 単語 | 意味 | 1回目 意味を確認してなぞる | 2回目 音声を聞きながら書く | 3回目 発音しながら書く |
|---|---|---|---|---|
| 0021 **show** [ʃou] ショウ | 動 (show *A B*で) AにBを見せる，を見せる | show | | |
| 0022 **join** [dʒɔin] ヂョイン | 動 (に)加わる，(に)参加する | join | | |
| 0023 **bring** [briŋ] ブリング | 動 を持ってくる，を連れてくる | bring | | |
| 0024 **move** [mu:v] ムーヴ | 動 を動かす，動く，引っ越す | move | | |
| 0025 **put** [put] プット | 動 を置く | put | | |
| 0026 **drive** [draiv] ドゥライヴ | 動 (人)を車で送る，(を)運転する | drive | | |
| 0027 **rain** [rein] レイン | 動 (itを主語として) 雨が降る | rain | | |
| 0028 **win** [win] ウィン | 動 (に)勝つ，を勝ち取る | win | | |
| 0029 **speak** [spi:k] スピーク | 動 (を)話す | speak | | |
| 0030 **travel** [trǽv(ə)l] トゥラヴ(ェ)る | 動 旅行する | travel | | |
| 0031 **hope** [houp] ホウプ | 動 を望む，を願う | hope | | |
| 0032 **ride** [raid] ライド | 動 (に)乗る | ride | | |
| 0033 **sound** [saund] サウンド | 動 (形容詞の前で)に聞こえる，音がする | sound | | |

| 単語 | 意味 | 1回目 意味を確認してなぞる | 2回目 音声を聞きながら書く | 3回目 発音しながら書く |
|---|---|---|---|---|
| 0034 **wear** [weər] ウェア | 動 を身につけている，を着ている | wear | | |
| 0035 **train** [trein] トゥレイン | 名 列車，電車 | train | | |
| 0036 **hour** [áuər] アウア | 名 1時間，(~s)(勤務・営業などの)時間 | hour | | |
| 0037 **weekend** [wí:kend] ウィーケンド | 名 週末 | weekend | | |
| 0038 **restaurant** [réstərənt] レストラント | 名 料理店，レストラン | restaurant | | |
| 0039 **food** [fu:d] ふード | 名 食べ物，料理 | food | | |
| 0040 **month** [mʌnθ] マンす | 名 (暦の上の)月 | month | | |



## Unit 1の復習テスト

わからないときは前Unitで確認しましょう。

| 意味 | ID | 単語を書こう |
|---|---|---|
| 動 が見える，(を)見る，に会う | 0004 | |
| 動 を置き忘れる，を残す，(を)出発する | 0013 | |
| 動 を楽しむ | 0009 | |
| 動 (___ *A B*で)AをBにする，を作る，(行為)を行う | 0003 | |
| 動 を売る | 0017 | |
| 動 (___ *A B*で)AをBと呼ぶ，(に)電話をする | 0008 | |
| 動 を見つける，とわかる | 0010 | |
| 動 をきれいにする，を掃除する | 0018 | |
| 動 を必要とする | 0014 | |
| 動 (を)練習する | 0011 | |

| 意味 | ID | 単語を書こう |
|---|---|---|
| 動 を終える，終わる | 0016 | |
| 動 (形容詞や名詞の前で)になる | 0020 | |
| 動 (時間など)がかかる，(乗り物)に乗る，を持っていく，(試験・授業など)を受ける | 0002 | |
| 動 待つ | 0019 | |
| 動 (___ *A B*で)AにBを与える[あげる] | 0006 | |
| 動 (を)言う，と書いてある | 0015 | |
| 動 (形容詞の前で)に見える，見る | 0001 | |
| 動 働く，(機械などが)作動する，作業をする | 0007 | |
| 動 (___ *A B*で)AにBを話す[教える]，を言う | 0012 | |
| 動 を(注意して)見る | 0005 | |

学習日　　月　　日

| 単語 | 意味 | 1回目 意味を確認してなぞる | 2回目 音声を聞きながら書く | 3回目 発音しながら書く |
|---|---|---|---|---|
| 0041 **station** [stéiʃ(ə)n] ステイション | 名 駅，(警察や消防の)署 | station | | |
| 0042 **festival** [féstiv(ə)l] ふェスティヴァる | 名 祭り | festival | | |
| 0043 **ticket** [tíkət] ティケット | 名 チケット，切符 | ticket | | |
| 0044 **minute** [mínit] ミニット | 名 (時間の)分，(通例 a ～) ちょっとの間 | minute | | |
| 0045 **trip** [trip] トゥリップ | 名 旅行 | trip | | |
| 0046 **movie** [mú:vi] ムーヴィ | 名 映画 | movie | | |
| 0047 **parent** [pé(ə)r(ə)nt] ペ(ア)レント | 名 親，(～s) 両親 [親たち] | parent | | |
| 0048 **lesson** [lés(ə)n] れスン | 名 レッスン，けいこ，授業 | lesson | | |
| 0049 **kind** [kaind] カインド | 名 種類 | kind | | |
| 0050 **money** [mʌ́ni] マニィ | 名 お金 | money | | |
| 0051 **job** [dʒɑ(:)b] チャ(ー)ップ | 名 仕事 | job | | |
| 0052 **place** [pleis] プれイス | 名 場所 | place | | |
| 0053 **office** [ɑ́(:)fəs] ア(ー)ふィス | 名 事務所，会社 | office | | |

| 単語 | 意味 | 1回目 意味を確認してなぞる | 2回目 音声を聞きながら書く | 3回目 発音しながら書く |
| --- | --- | --- | --- | --- |
| 0054 **science** [sáiəns] サイエンス | 名 理科，科学 | science | | |
| 0055 **meeting** [míːtiŋ] ミーティング | 名 会合，会議 | meeting | | |
| 0056 **concert** [ká(ː)nsərt] カ(ー)ンサト | 名 演奏会，音楽会，コンサート | concert | | |
| 0057 **plan** [plæn] プラン | 名 予定，計画 | plan | | |
| 0058 **child** [tʃaild] チャイるド | 名 子ども | child | | |
| 0059 **vacation** [veikéiʃ(ə)n] ヴェイケイション | 名 休み，休暇 | vacation | | |
| 0060 **history** [híst(ə)ri] ヒストリィ | 名 歴史 | history | | |



## Unit 2の復習テスト

わからないときは前Unitで確認しましょう。

| 意味 | ID | 単語を書こう |
| --- | --- | --- |
| 動 を動かす，動く，引っ越す | 0024 | |
| 動 (人)を車で送る，(を)運転する | 0026 | |
| 名 週末 | 0037 | |
| 動 を置く | 0025 | |
| 動 (形容詞の前で)に聞こえる，音がする | 0033 | |
| 動 (___ A Bで) AにBを見せる，を見せる | 0021 | |
| 名 列車，電車 | 0035 | |
| 動 (に)乗る | 0032 | |
| 名 1時間，(～s)(勤務・営業などの)時間 | 0036 | |
| 動 旅行する | 0030 | |

| 意味 | ID | 単語を書こう |
| --- | --- | --- |
| 動 を身につけている，を着ている | 0034 | |
| 動 (を)話す | 0029 | |
| 動 を持ってくる，を連れてくる | 0023 | |
| 動 を望む，を願う | 0031 | |
| 動 (itを主語として)雨が降る | 0027 | |
| 名 食べ物，料理 | 0039 | |
| 動 (に)勝つ，を勝ち取る | 0028 | |
| 名 (暦の上の)月 | 0040 | |
| 動 (に)加わる，(に)参加する | 0022 | |
| 名 料理店，レストラン | 0038 | |

| 単語 | 意味 | 1回目 意味を確認してなぞる | 2回目 音声を聞きながら書く | 3回目 発音しながら書く |
|---|---|---|---|---|
| 0061 **contest** [ká(:)ntest] カ(ー)ンテスト | 名 コンテスト | contest | | |
| 0062 **library** [láibreri] らイブレリィ | 名 図書館 | library | | |
| 0063 **last** [læst] らスト | 形 この前の，最後の | last | | |
| 0064 **next** [nekst] ネクスト | 形 次の | next | | |
| 0065 **famous** [féiməs] ふェイマス | 形 有名な | famous | | |
| 0066 **popular** [pá(:)pjulər] パ(ー)ピュらァ | 形 人気のある | popular | | |
| 0067 **sure** [ʃuər] シュア | 形 確かな，確信して | sure | | |
| 0068 **favorite** [féiv(ə)rət] ふェイヴ(ァ)リット | 形 お気に入りの，大好きな | favorite | | |
| 0069 **other** [ʌ́ðər] アざァ | 形 他の | other | | |
| 0070 **late** [leit] れイト | 形 遅れた，遅い | late | | |
| 0071 **special** [spéʃ(ə)l] スペシャる | 形 特別な | special | | |
| 0072 **different** [díf(ə)r(ə)nt] ディふ(ァ)レント | 形 異なる，さまざまな，別の | different | | |
| 0073 **sorry** [sá(:)ri] サ(ー)リィ | 形 気の毒に思って，申し訳なく思って | sorry | | |

| 単語 | 意味 | 1回目 意味を確認してなぞる | 2回目 音声を聞きながら書く | 3回目 発音しながら書く |
|---|---|---|---|---|
| 0074 **free** [fri:] ふリー | 形 無料の，ひまな | free | | |
| 0075 **busy** [bízi] ビズィ | 形 忙しい，にぎやかな | busy | | |
| 0076 **first** [fə:rst] ふァ～スト | 副 最初に，第1に | first | | |
| 0077 **often** [ɔ́(:)f(ə)n] オ(ー)ふン | 副 よく，しばしば | often | | |
| 0078 **also** [ɔ́:lsou] オーるソウ | 副 ～も(また) | also | | |
| 0079 **tonight** [tənáit] トゥナイト | 副 今夜(は) | tonight | | |
| 0080 **usually** [jú:ʒu(ə)li] ユージュ(ア)りィ | 副 たいてい，いつもは | usually | | |

単語編

でる度 A

0061 ～ 0080

## Unit 3の復習テスト

わからないときは前Unitで確認しましょう。

| 意味 | ID | 単語を書こう |
|---|---|---|
| 名 旅行 | 0045 | |
| 名 休み，休暇 | 0059 | |
| 名 (時間の)分，(通例 a ～)ちょっとの間 | 0044 | |
| 名 子ども | 0058 | |
| 名 チケット，切符 | 0043 | |
| 名 演奏会，音楽会，コンサート | 0056 | |
| 名 種類 | 0049 | |
| 名 会合，会議 | 0055 | |
| 名 祭り | 0042 | |
| 名 事務所，会社 | 0053 | |

| 意味 | ID | 単語を書こう |
|---|---|---|
| 名 映画 | 0046 | |
| 名 歴史 | 0060 | |
| 名 場所 | 0052 | |
| 名 親，(～s)両親 [親たち] | 0047 | |
| 名 お金 | 0050 | |
| 名 仕事 | 0051 | |
| 名 レッスン，けいこ，授業 | 0048 | |
| 名 理科，科学 | 0054 | |
| 名 駅，(警察や消防の)署 | 0041 | |
| 名 予定，計画 | 0057 | |

学習日　　月　　日

| 単語 | 意味 | 1回目 意味を確認してなぞる | 2回目 音声を聞きながら書く | 3回目 発音しながら書く |
|---|---|---|---|---|
| 0081 **well** [wel] ウェる | 副 よく，十分に，じょうずに | well | | |
| 0082 **hard** [hɑːrd] ハード | 副 熱心に，激しく | hard | | |
| 0083 **just** [dʒʌst] ヂャスト | 副 たった今，ちょうど，ただ | just | | |
| 0084 **early** [ə́ːrli] アーりィ | 副 早く | early | | |
| 0085 **still** [stil] スティる | 副 まだ，今でも | still | | |
| 0086 **together** [təgéðər] トゥゲざァ | 副 一緒に | together | | |
| 0087 **ago** [əgóu] アゴウ | 副 (今から)～前に | ago | | |
| 0088 **by** [bai] バイ | 前 ～で，～によって，～までに，～のそばに | by | | |
| 0089 **around** [əráund] アラウンド | 前 ～のあちこちを[に]，～の周りを[に] | around | | |
| 0090 **during** [dɔ́ːriŋ] ドゥーリング | 前 ～の間(中) | during | | |
| 0091 **over** [óuvər] オウヴァ | 前 ～を超えて，～より多く，～の上に | over | | |
| 0092 **when** [(h)wen] (フ)ウェン | 接 …するときに | when | | |
| 0093 **because** [bikɔ́(ː)z] ビコ(ー)ズ | 接 (なぜなら)…なので，…だから | because | | |

| 単語 | 意味 | 1回目 意味を確認してなぞる | 2回目 音声を聞きながら書く | 3回目 発音しながら書く |
|---|---|---|---|---|
| 0094 **before** [bifɔ́ːr] ビふォー | 接 …する前に | before | | |
| 0095 **if** [if] イふ | 接 もし…ならば | if | | |
| 0096 **than** [ðæn] ざン | 接 (形容詞・副詞の比較級の後に置いて) …よりも | than | | |
| 0097 **one** [wʌn] ワン | 代 もの，1つ，人 | one | | |
| 0098 **all** [ɔːl] オーる | 代 すべての人，すべてのもの | all | | |
| 0099 **could** [kud] クッド | 助 (canの過去形) ～できた | could | | |
| 0100 **should** [ʃud] シュッド | 助 ～すべきだ，～したほうがよい | should | | |

## Unit 4の復習テスト

わからないときは前Unitで確認しましょう。

| 意味 | ID | 単語を書こう |
|---|---|---|
| 形 人気のある | 0066 | |
| 副 たいてい，いつもは | 0080 | |
| 形 この前の，最後の | 0063 | |
| 副 ～も(また) | 0078 | |
| 形 異なる，さまざまな，別の | 0072 | |
| 形 忙しい，にぎやかな | 0075 | |
| 副 よく，しばしば | 0077 | |
| 形 遅れた，遅い | 0070 | |
| 副 今夜(は) | 0079 | |
| 形 他の | 0069 | |

| 意味 | ID | 単語を書こう |
|---|---|---|
| 形 気の毒に思って，申し訳なく思って | 0073 | |
| 副 最初に，第1に | 0076 | |
| 形 無料の，ひまな | 0074 | |
| 形 有名な | 0065 | |
| 名 コンテスト | 0061 | |
| 形 お気に入りの，大好きな | 0068 | |
| 形 特別な | 0071 | |
| 形 確かな，確信して | 0067 | |
| 名 図書館 | 0062 | |
| 形 次の | 0064 | |

学習日　　月　　日

| 単語 | 意味 | 1回目 意味を確認してなぞる | 2回目 音声を聞きながら書く | 3回目 発音しながら書く |
|---|---|---|---|---|
| 0101 **forget** [fərgét] ふォゲット | 動 (を)忘れる | forget | | |
| 0102 **break** [breik] ブレイク | 動 を割る，を壊す，を折る | break | | |
| 0103 **learn** [ləːrn] ら～ン | 動 (を)学ぶ，を習う | learn | | |
| 0104 **close** [klouz] クろウズ | 動 を閉める，閉まる | close | | |
| 0105 **hold** [hould] ホウるド | 動 (会など)を開く，を持つ | hold | | |
| 0106 **decide** [disáid] ディサイド | 動 (を)決める | decide | | |
| 0107 **grow** [grou] グロウ | 動 を栽培する，を育てる，育つ | grow | | |
| 0108 **try** [trai] トゥライ | 動 (を)試す，(を)試みる，努力する | try | | |
| 0109 **happen** [hǽp(ə)n] ハプン | 動 起こる | happen | | |
| 0110 **lose** [luːz] るーズ | 動 をなくす，を失う，(に)負ける | lose | | |
| 0111 **arrive** [əráiv] アライヴ | 動 到着する | arrive | | |
| 0112 **send** [send] センド | 動 を送る | send | | |
| 0113 **borrow** [bɔ́ːrou] ボーロウ | 動 を借りる | borrow | | |

| 単語 | 意味 | 1回目 意味を確認してなぞる | 2回目 音声を聞きながら書く | 3回目 発音しながら書く |
|---|---|---|---|---|
| 0114 **build** [bild] ビるド | 動 を建てる，を造る | build | | |
| 0115 **draw** [drɔː] ドゥロー | 動 (絵・図)を描く，(線)を引く | draw | | |
| 0116 **hear** [hiər] ヒア | 動 を聞いて知る [耳にする]，が聞こえる | hear | | |
| 0117 **carry** [kǽri] キャリィ | 動 を運ぶ，を持ち歩く | carry | | |
| 0118 **check** [tʃek] チェック | 動 を調べる | check | | |
| 0119 **pay** [pei] ペイ | 動 (を)支払う | pay | | |
| 0120 **marry** [mǽri] マリィ | 動 (と)結婚する | marry | | |

単語編
でる度 A
0101 〜 0120

## Unit 5の復習テスト

わからないときは前Unitで確認しましょう。

| 意味 | ID | 単語を書こう |
|---|---|---|
| 前 〜を超えて，〜より多く，〜の上に | 0091 | |
| 助 〜すべきだ，〜したほうがよい | 0100 | |
| 副 たった今，ちょうど，ただ | 0083 | |
| 接 もし…ならば | 0095 | |
| 副 早く | 0084 | |
| 助 (canの過去形) 〜できた | 0099 | |
| 副 一緒に | 0086 | |
| 副 よく，十分に，じょうずに | 0081 | |
| 副 まだ，今でも | 0085 | |
| 副 熱心に，激しく | 0082 | |

| 意味 | ID | 単語を書こう |
|---|---|---|
| 接 …するときに | 0092 | |
| 前 〜のあちこちを [に]，〜の周りを [に] | 0089 | |
| 接 …する前に | 0094 | |
| 接 (形容詞・副詞の比較級の後に置いて) …よりも | 0096 | |
| 前 〜で，〜によって，〜までに，〜のそばに | 0088 | |
| 前 〜の間(中) | 0090 | |
| 代 すべての人，すべてのもの | 0098 | |
| 副 (今から) 〜前に | 0087 | |
| 代 もの，1つ，人 | 0097 | |
| 接 (なぜなら) …なので，…だから | 0093 | |

学習日　　月　　日

| 単語 | 意味 | 1回目 意味を確認してなぞる | 2回目 音声を聞きながら書く | 3回目 発音しながら書く |
|---|---|---|---|---|
| 0121 **miss** [mis] ミス | 動 に乗り遅れる，をし損なう，がいなくてさびしく思う | miss | | |
| 0122 **remember** [rimémbər] リメンバァ | 動 (を)思い出す，(を)覚えている | remember | | |
| 0123 **turn** [təːrn] ターン | 動 (を)曲がる，を回す，回る | turn | | |
| 0124 **beach** [biːtʃ] ビーチ | 名 海辺，浜辺，砂浜 | beach | | |
| 0125 **fun** [fʌn] ふァン | 名 楽しみ | fun | | |
| 0126 **idea** [aidí(ː)ə] アイディ(ー)ア | 名 考え，アイデア | idea | | |
| 0127 **present** [préz(ə)nt] プレズント | 名 プレゼント | present | | |
| 0128 **company** [kʌ́mp(ə)ni] カンパニィ | 名 会社 | company | | |
| 0129 **event** [ivént] イヴェント | 名 行事，イベント | event | | |
| 0130 **bike** [baik] バイク | 名 自転車 | bike | | |
| 0131 **store** [stɔːr] ストー | 名 店 | store | | |
| 0132 **street** [striːt] ストゥリート | 名 通り | street | | |
| 0133 **thing** [θiŋ] すィング | 名 もの，こと | thing | | |

| 単語 | 意味 | 1回目 意味を確認してなぞる | 2回目 音声を聞きながら書く | 3回目 発音しながら書く |
|---|---|---|---|---|
| 0134 **glasses** [glǽsəz] グラスィズ | 名 めがね | glasses | | |
| 0135 **a.m.** [èiém] エイエム | 名 午前 | a.m. | | |
| 0136 **computer** [kəmpjú:tər] コンピュータァ | 名 コンピューター | computer | | |
| 0137 **country** [kʌ́ntri] カントゥリィ | 名 国，(the ～) いなか | country | | |
| 0138 **p.m.** [pì:ém] ピーエム | 名 午後 | p.m. | | |
| 0139 **problem** [prá(:)bləm] プラ(ー)ブれム | 名 問題 | problem | | |
| 0140 **pumpkin** [pʌ́m(p)kin] パン(プ)キン | 名 カボチャ | pumpkin | | |

## Unit 6の復習テスト

わからないときは前Unitで確認しましょう。

| 意味 | ID | 単語を書こう |
|---|---|---|
| 動 を割る，を壊す，を折る | 0102 | |
| 動 (と)結婚する | 0120 | |
| 動 (を)学ぶ，を習う | 0103 | |
| 動 (会など)を開く，を持つ | 0105 | |
| 動 到着する | 0111 | |
| 動 (を)決める | 0106 | |
| 動 (絵・図)を描く，(線)を引く | 0115 | |
| 動 (を)試す，(を)試みる，努力する | 0108 | |
| 動 を聞いて知る[耳にする]，が聞こえる | 0116 | |
| 動 起こる | 0109 | |

| 意味 | ID | 単語を書こう |
|---|---|---|
| 動 を栽培する，を育てる，育つ | 0107 | |
| 動 を借りる | 0113 | |
| 動 を運ぶ，を持ち歩く | 0117 | |
| 動 を閉める，閉まる | 0104 | |
| 動 (を)忘れる | 0101 | |
| 動 を建てる，を造る | 0114 | |
| 動 (を)支払う | 0119 | |
| 動 を送る | 0112 | |
| 動 を調べる | 0118 | |
| 動 をなくす，を失う，(に)負ける | 0110 | |

学習日　　月　　日

| 単語 | 意味 | 1回目 意味を確認してなぞる | 2回目 音声を聞きながら書く | 3回目 発音しながら書く |
|---|---|---|---|---|
| 0141 **zoo** [zu:] ズー | 名 動物園 | zoo | | |
| 0142 **floor** [flɔ:r] ふろー | 名 (建物の)階，床(ゆか) | floor | | |
| 0143 **museum** [mju(:)zí(:)əm] ミュ(ー)ズィ(ー)アム | 名 博物館，美術館(びじゅつかん) | museum | | |
| 0144 **way** [wei] ウェイ | 名 方法，道，方向 | way | | |
| 0145 **band** [bænd] バンド | 名 (音楽の)バンド | band | | |
| 0146 **clothes** [klouz] クろウズ | 名 衣服 | clothes | | |
| 0147 **speech** [spi:tʃ] スピーチ | 名 スピーチ，演説(えんぜつ) | speech | | |
| 0148 **weather** [wéðər] ウェざァ | 名 天気，天候 | weather | | |
| 0149 **supermarket** [sú:pərmà:rkət] スーパマーケット | 名 スーパーマーケット | supermarket | | |
| 0150 **uncle** [ʌ́ŋkl] アンクる | 名 おじ | uncle | | |
| 0151 **newspaper** [nú:zpèipər] ヌーズペイパァ | 名 新聞 | newspaper | | |
| 0152 **photo** [fóutou] ふォウトウ | 名 写真 | photo | | |
| 0153 **star** [sta:r] スター | 名 星，(映画(えいが)・スポーツなどの)スター | star | | |

| 単語 | 意味 | 1回目 意味を確認してなぞる | 2回目 音声を聞きながら書く | 3回目 発音しながら書く |
|---|---|---|---|---|
| 0154 **grandparent** [grǽn(d)pè(ə)r(ə)nt] グラン(ド)ペ(ア)レント | 名 祖父，祖母，(～s) 祖父母 [祖父たち，祖母たち] | grandparent | | |
| 0155 **holiday** [há(:)lədei] ハ(ー)りデイ | 名 祝日，休日 | holiday | | |
| 0156 **hospital** [há(:)spitl] ハ(ー)スピトゥる | 名 病院 | hospital | | |
| 0157 **pie** [pai] パイ | 名 パイ | pie | | |
| 0158 **plane** [plein] プれイン | 名 飛行機 | plane | | |
| 0159 **poster** [póustər] ポウスタァ | 名 ポスター | poster | | |
| 0160 **prize** [praiz] プライズ | 名 賞，賞品 | prize | | |

## Unit 7の復習テスト

わからないときは前Unitで確認しましょう。

| 意味 | ID | 単語を書こう |
|---|---|---|
| 名 店 | 0131 | |
| 名 楽しみ | 0125 | |
| 名 カボチャ | 0140 | |
| 名 考え，アイデア | 0126 | |
| 名 自転車 | 0130 | |
| 名 プレゼント | 0127 | |
| 名 午後 | 0138 | |
| 名 行事，イベント | 0129 | |
| 名 通り | 0132 | |
| 名 国，(the ～) いなか | 0137 | |

| 意味 | ID | 単語を書こう |
|---|---|---|
| 名 めがね | 0134 | |
| 動 (を)曲がる，を回す，回る | 0123 | |
| 名 問題 | 0139 | |
| 名 コンピューター | 0136 | |
| 動 に乗り遅れる，をし損なう，がいなくてさびしく思う | 0121 | |
| 名 もの，こと | 0133 | |
| 名 会社 | 0128 | |
| 名 海辺，浜辺，砂浜 | 0124 | |
| 名 午前 | 0135 | |
| 動 (を)思い出す，(を)覚えている | 0122 | |

学習日　　月　　日

| 単語 | 意味 | 1回目 意味を確認してなぞる | 2回目 音声を聞きながら書く | 3回目 発音しながら書く |
|---|---|---|---|---|
| 0161 **report** [ripɔ́:rt] リポート | 名 報告(書)，レポート | report | | |
| 0162 **sir** [sə:r] サ～ | 名 (男性に対して)お客さま，先生 | sir | | |
| 0163 **stop** [stɑ(:)p] スタ(ー)ップ | 名 (バスなどの)停留所，止まること | stop | | |
| 0164 **dish** [diʃ] ディッシ | 名 皿，料理 | dish | | |
| 0165 **doctor** [dɑ́(:)ktər] ダ(ー)クタァ | 名 医者，医師，博士 | doctor | | |
| 0166 **e-mail** [í:meil] イーメイる | 名 Eメール | e-mail | | |
| 0167 **gym** [dʒim] ヂム | 名 体育館 | gym | | |
| 0168 **sandwich** [sǽn(d)witʃ] サン(ド)ウィッチ | 名 サンドイッチ | sandwich | | |
| 0169 **right** [rait] ライト | 形 右の，正しい | right | | |
| 0170 **most** [moust] モウスト | 形 大部分の，(many, muchの最上級で通例 the ～)最も多くの | most | | |
| 0171 **better** [bétər] ベタァ | 形 (good, wellの比較級)よりよい | better | | |
| 0172 **little** [lítl] りトゥる | 形 (a ～)少しの | little | | |
| 0173 **delicious** [dilíʃəs] ディりシャス | 形 とてもおいしい | delicious | | |

| 単語 | 意味 | 1回目 意味を確認してなぞる | 2回目 音声を聞きながら書く | 3回目 発音しながら書く |
|---|---|---|---|---|
| 0174 **ready** [rédi] レディ | 形 用意ができて | ready | | |
| 0175 **sick** [sik] スィック | 形 病気の，気分の悪い | sick | | |
| 0176 **expensive** [ikspénsiv] イクスペンスィヴ | 形 高価な | expensive | | |
| 0177 **best** [best] ベスト | 形 (good, wellの最上級) 最もよい，最もじょうずな | best | | |
| 0178 **difficult** [dífik(ə)lt] ディふィクるト | 形 難しい | difficult | | |
| 0179 **interesting** [ínt(ə)rəstiŋ] インタレスティング | 形 興味深い，おもしろい | interesting | | |
| 0180 **another** [ənʌ́ðər] アナざァ | 形 もう1つ[1人]の，別の | another | | |

## Unit 8の復習テスト

わからないときは前Unitで確認しましょう。

| 意味 | ID | 単語を書こう |
|---|---|---|
| 名 衣服 | 0146 | |
| 名 写真 | 0152 | |
| 名 ポスター | 0159 | |
| 名 スピーチ，演説 | 0147 | |
| 名 新聞 | 0151 | |
| 名 パイ | 0157 | |
| 名 スーパーマーケット | 0149 | |
| 名 (建物の)階，床 | 0142 | |
| 名 (音楽の)バンド | 0145 | |
| 名 星，(映画・スポーツなどの)スター | 0153 | |

| 意味 | ID | 単語を書こう |
|---|---|---|
| 名 病院 | 0156 | |
| 名 飛行機 | 0158 | |
| 名 祖父，祖母，(~s)祖父母[祖父たち，祖母たち] | 0154 | |
| 名 賞，賞品 | 0160 | |
| 名 祝日，休日 | 0155 | |
| 名 天気，天候 | 0148 | |
| 名 博物館，美術館 | 0143 | |
| 名 動物園 | 0141 | |
| 名 おじ | 0150 | |
| 名 方法，道，方向 | 0144 | |

学習日　　月　　日

| 単語 | 意味 | 1回目 意味を確認してなぞる | 2回目 音声を聞きながら書く | 3回目 発音しながら書く |
| --- | --- | --- | --- | --- |
| 0181 **beautiful** [bjúːtəf(ə)l] ビューティふる | 形 美しい，きれいな | beautiful | | |
| 0182 **enough** [inʌ́f] イナふ | 形 十分な | enough | | |
| 0183 **French** [frentʃ] ふレンチ | 形 フランスの，フランス人[語]の | French | | |
| 0184 **Italian** [itǽljən] イタりャン | 形 イタリアの，イタリア人[語]の | Italian | | |
| 0185 **cheap** [tʃiːp] チープ | 形 安い，安っぽい | cheap | | |
| 0186 **Chinese** [tʃàiníːz] チャイニーズ | 形 中国の，中国人[語]の | Chinese | | |
| 0187 **important** [impɔ́ːrt(ə)nt] インポータント | 形 重要な | important | | |
| 0188 **ever** [évər] エヴァ | 副 (疑問文で)今までに | ever | | |
| 0189 **outside** [àutsáid] アウトサイド | 副 外(側)で[に，へ] | outside | | |
| 0190 **never** [névər] ネヴァ | 副 一度も～ない，決して～ない | never | | |
| 0191 **again** [əgén] アゲン | 副 また，ふたたび | again | | |
| 0192 **later** [léitər] れイタァ | 副 (lateの比較級の1つ)後で | later | | |
| 0193 **yet** [jet] イェット | 副 (否定文で)まだ(～ない)，(疑問文で)もう | yet | | |

| 単語 | 意味 | 1回目 意味を確認してなぞる | 2回目 音声を聞きながら書く | 3回目 発音しながら書く |
|---|---|---|---|---|
| 0194 **each** [iːtʃ] イーチ | 副 1個[1人]につき | each | | |
| 0195 **once** [wʌns] ワンス | 副 1度，かつて，以前 | once | | |
| 0196 **already** [ɔːlrédi] オーるレディ | 副 (肯定文で)すでに，もう | already | | |
| 0197 **until** [əntíl] アンティる | 前 ～まで | until | | |
| 0198 **something** [sʌ́mθiŋ] サムすィング | 代 何か，あるもの | something | | |
| 0199 **anything** [éniθiŋ] エニすィング | 代 (疑問文で)何か，(否定文で)何も(～ない) | anything | | |
| 0200 **must** [mʌst] マスト | 助 ～しなければならない | must | | |

## Unit 9の復習テスト

わからないときは前Unitで確認しましょう。

| 意味 | ID | 単語を書こう |
|---|---|---|
| 名 (男性に対して)お客さま，先生 | 0162 | |
| 形 もう1つ[1人]の，別の | 0180 | |
| 名 体育館 | 0167 | |
| 形 (good, wellの比較級)よりよい | 0171 | |
| 名 (バスなどの)停留所，止まること | 0163 | |
| 形 とてもおいしい | 0173 | |
| 形 右の，正しい | 0169 | |
| 名 報告(書)，レポート | 0161 | |
| 形 用意ができて | 0174 | |
| 形 難しい | 0178 | |

| 意味 | ID | 単語を書こう |
|---|---|---|
| 形 病気の，気分の悪い | 0175 | |
| 形 (good, wellの最上級)最もよい，最もじょうずな | 0177 | |
| 名 サンドイッチ | 0168 | |
| 名 皿，料理 | 0164 | |
| 形 高価な | 0176 | |
| 名 医者，医師，博士 | 0165 | |
| 形 (a ～)少しの | 0172 | |
| 名 Eメール | 0166 | |
| 形 大部分の，(many, muchの最上級で通例 the ～)最も多くの | 0170 | |
| 形 興味深い，おもしろい | 0179 | |

学習日　　月　　日

| 単語 | 意味 | 1回目 意味を確認してなぞる | 2回目 音声を聞きながら書く | 3回目 発音しながら書く |
|---|---|---|---|---|
| 0201 **begin** [bigín] ビギン | 動 を始める，始まる | begin | | |
| 0202 **catch** [kætʃ] キャッチ | 動 をつかまえる，に間に合う | catch | | |
| 0203 **invite** [inváit] インヴァイト | 動 を招待(しょうたい)する | invite | | |
| 0204 **feel** [fi:l] ふィーる | 動（体調・気分を）感じる | feel | | |
| 0205 **choose** [tʃu:z] チューズ | 動（を）選ぶ | choose | | |
| 0206 **hike** [haik] ハイク | 動 ハイキングをする | hike | | |
| 0207 **keep** [ki:p] キープ | 動 を保(たも)つ，を持ち続ける，をとっておく，（動物など）を飼(か)う | keep | | |
| 0208 **worry** [wə́:ri] ワ～リィ | 動（受身形で）心配する，を心配させる | worry | | |
| 0209 **camp** [kæmp] キャンプ | 動 キャンプする | camp | | |
| 0210 **celebrate** [séləbreit] セれブレイト | 動 を祝う | celebrate | | |
| 0211 **guess** [ges] ゲス | 動 …だと思う，（を）推測(すいそく)する | guess | | |
| 0212 **pass** [pæs] パス | 動（に）合格(ごうかく)する，を手渡(てわた)す | pass | | |
| 0213 **relax** [rilǽks] リらックス | 動 くつろぐ | relax | | |

| 単語 | 意味 | 1回目 意味を確認してなぞる | 2回目 音声を聞きながら書く | 3回目 発音しながら書く |
|---|---|---|---|---|
| 0214 **spend** [spend] スペンド | 動 (時間)を過ごす，(お金など)を使う | spend | | |
| 0215 **camera** [kǽm(ə)rə] キャメラ | 名 カメラ | camera | | |
| 0216 **cousin** [kʌ́z(ə)n] カズン | 名 いとこ | cousin | | |
| 0217 **grandmother** [grǽn(d)mʌ̀ðər] グラン(ド)マざァ | 名 祖母 | grandmother | | |
| 0218 **mountain** [máunt(ə)n] マウントゥン | 名 山 | mountain | | |
| 0219 **space** [speis] スペイス | 名 宇宙，空間 | space | | |
| 0220 **theater** [θíətər] すィアタァ | 名 劇場，映画館 | theater | | |

## Unit 10の復習テスト

わからないときは前Unitで確認しましょう。

| 意味 | ID | 単語を書こう |
|---|---|---|
| 形 中国の，中国人[語]の | 0186 | |
| 助 ～しなければならない | 0200 | |
| 前 ～まで | 0197 | |
| 形 十分な | 0182 | |
| 形 重要な | 0187 | |
| 代 何か，あるもの | 0198 | |
| 形 美しい，きれいな | 0181 | |
| 副 一度も～ない，決して～ない | 0190 | |
| 副 1度，かつて，以前 | 0195 | |
| 副 外(側)で[に，へ] | 0189 | |

| 意味 | ID | 単語を書こう |
|---|---|---|
| 代 (疑問文で)何か，(否定文で)何も(～ない) | 0199 | |
| 副 (肯定文で)すでに，もう | 0196 | |
| 副 (疑問文で)今までに | 0188 | |
| 形 イタリアの，イタリア人[語]の | 0184 | |
| 副 (否定文で)まだ(～ない)，(疑問文で)もう | 0193 | |
| 副 (lateの比較級の1つ)後で | 0192 | |
| 形 フランスの，フランス人[語]の | 0183 | |
| 形 安い，安っぽい | 0185 | |
| 副 1個[1人]につき | 0194 | |
| 副 また，ふたたび | 0191 | |

学習日　　月　　日

| 単語 | 意味 | 1回目 意味を確認してなぞる | 2回目 音声を聞きながら書く | 3回目 発音しながら書く |
|---|---|---|---|---|
| 0221 **wallet** [wá(:)lət] ワ(ー)れット | 名 財布(さいふ) | wallet | | |
| 0222 **bookstore** [búkstɔ:r] ブックストー | 名 書店 | bookstore | | |
| 0223 **college** [ká(:)lidʒ] カ(ー)れッヂ | 名 大学，単科大学 | college | | |
| 0224 **color** [kʌ́lər] カらァ | 名 色 | color | | |
| 0225 **dictionary** [díkʃəneri] ディクショネリィ | 名 辞書 | dictionary | | |
| 0226 **dollar** [dá(:)lər] ダ(ー)らァ | 名 ドル | dollar | | |
| 0227 **garden** [gá:rd(ə)n] ガードゥン | 名 庭 | garden | | |
| 0228 **husband** [hʌ́zbənd] ハズバンド | 名 夫 | husband | | |
| 0229 **key** [ki:] キー | 名 かぎ | key | | |
| 0230 **nurse** [nə:rs] ナ～ス | 名 看護師(かんごし) | nurse | | |
| 0231 **pool** [pu:l] プーる | 名 (水泳用の) プール | pool | | |
| 0232 **writer** [ráitər] ライタァ | 名 作家，書く人 | writer | | |
| 0233 **aunt** [ænt] アント | 名 おば | aunt | | |

| 単語 | 意味 | 1回目 意味を確認してなぞる | 2回目 音声を聞きながら書く | 3回目 発音しながら書く |
|---|---|---|---|---|
| 0234 **classroom** [klǽsru:m] クらスルーム | 名 教室 | classroom | | |
| 0235 **gift** [gift] ギふト | 名 贈り物 | gift | | |
| 0236 **group** [gru:p] グループ | 名 グループ，集団 | group | | |
| 0237 **line** [lain] らイン | 名 列，線 | line | | |
| 0238 **member** [mémbər] メンバァ | 名 一員 | member | | |
| 0239 **passage** [pǽsidʒ] パセッヂ | 名（文章の）一節 | passage | | |
| 0240 **university** [jù:nivə́:rsəti] ユーニヴァ～スィティ | 名 大学，総合大学 | university | | |

単語編
でる度 A
0221 ～ 0240

## Unit 11の復習テスト

わからないときは前Unitで確認しましょう。

| 意味 | ID | 単語を書こう |
|---|---|---|
| 動（受身形で）心配する，を心配させる | 0208 | |
| 動（に）合格する，を手渡す | 0212 | |
| 動（時間）を過ごす，（お金など）を使う | 0214 | |
| 動（体調・気分を）感じる | 0204 | |
| 動 くつろぐ | 0213 | |
| 動 を保つ，を持ち続ける，をとっておく，（動物など）を飼う | 0207 | |
| 動 を祝う | 0210 | |
| 動（を）選ぶ | 0205 | |
| 動 をつかまえる，に間に合う | 0202 | |
| 名 劇場，映画館 | 0220 | |

| 意味 | ID | 単語を書こう |
|---|---|---|
| 動 を始める，始まる | 0201 | |
| 名 宇宙，空間 | 0219 | |
| 動 …だと思う，（を）推測する | 0211 | |
| 動 キャンプする | 0209 | |
| 名 カメラ | 0215 | |
| 動 を招待する | 0203 | |
| 名 祖母 | 0217 | |
| 動 ハイキングをする | 0206 | |
| 名 いとこ | 0216 | |
| 名 山 | 0218 | |

学習日　　月　　日

| 単語 | 意味 | 1回目 意味を確認してなぞる | 2回目 音声を聞きながら書く | 3回目 発音しながら書く |
|---|---|---|---|---|
| 0241 **wedding** [wédiŋ] ウェディング | 名 結婚式 | wedding | | |
| 0242 **wife** [waif] ワイふ | 名 妻 | wife | | |
| 0243 **word** [wəːrd] ワ～ド | 名 単語 | word | | |
| 0244 **airport** [éərpɔːrt] エアポート | 名 空港 | airport | | |
| 0245 **apartment** [əpáːrtmənt] アパートメント | 名 アパート | apartment | | |
| 0246 **building** [bíldiŋ] ビるディング | 名 建物，ビル | building | | |
| 0247 **coat** [kout] コウト | 名 (衣服の)コート | coat | | |
| 0248 **farm** [fɑːrm] ふァーム | 名 農場 | farm | | |
| 0249 **part** [pɑːrt] パート | 名 部分，役目 | part | | |
| 0250 **phone** [foun] ふォウン | 名 電話 | phone | | |
| 0251 **son** [sʌn] サン | 名 息子 | son | | |
| 0252 **textbook** [tékstbuk] テクストブック | 名 教科書 | textbook | | |
| 0253 **tournament** [túərnəmənt] トゥアナメント | 名 トーナメント，選手権試合[大会] | tournament | | |

| 単語 | 意味 | 1回目 意味を確認してなぞる | 2回目 音声を聞きながら書く | 3回目 発音しながら書く |
|---|---|---|---|---|
| 0254 **vegetable** [védʒtəbl] ヴェヂタブる | 名 (通例 ～s) 野菜 | vegetable | | |
| 0255 **area** [é(ə)riə] エ(ア)リア | 名 区域，地域 | area | | |
| 0256 **bakery** [béik(ə)ri] ベイカリィ | 名 パン屋 | bakery | | |
| 0257 **business** [bíznəs] ビズネス | 名 商売，仕事 | business | | |
| 0258 **cafeteria** [kæfətí(ə)riə] キャふェティ(ア)リア | 名 カフェテリア，(セルフサービスの)食堂 | cafeteria | | |
| 0259 **daughter** [dɔ́:tər] ドータァ | 名 娘 | daughter | | |
| 0260 **health** [helθ] へるす | 名 健康 | health | | |

## Unit 12の復習テスト

わからないときは前Unitで確認しましょう。

| 意味 | ID | 単語を書こう |
|---|---|---|
| 名 書店 | 0222 | |
| 名 贈り物 | 0235 | |
| 名 色 | 0224 | |
| 名 看護師 | 0230 | |
| 名 教室 | 0234 | |
| 名 ドル | 0226 | |
| 名 大学，総合大学 | 0240 | |
| 名 庭 | 0227 | |
| 名 大学，単科大学 | 0223 | |
| 名 (文章の)一節 | 0239 | |

| 意味 | ID | 単語を書こう |
|---|---|---|
| 名 列，線 | 0237 | |
| 名 辞書 | 0225 | |
| 名 グループ，集団 | 0236 | |
| 名 おば | 0233 | |
| 名 財布 | 0221 | |
| 名 作家，書く人 | 0232 | |
| 名 一員 | 0238 | |
| 名 夫 | 0228 | |
| 名 (水泳用の)プール | 0231 | |
| 名 かぎ | 0229 | |

学習日　　月　　日

| 単語 | 意味 | 1回目 意味を確認してなぞる | 2回目 音声を聞きながら書く | 3回目 発音しながら書く |
|---|---|---|---|---|
| 0261 **information** [ìnfərméiʃ(ə)n] インふォメイション | 名 情報 | information | | |
| 0262 **Internet** [íntərnet] インタァネット | 名 (通例 the ~) インターネット | Internet | | |
| 0263 **lake** [leik] れイク | 名 湖 | lake | | |
| 0264 **pizza** [píːtsə] ピーツァ | 名 ピザ | pizza | | |
| 0265 **police** [pəlíːs] ポリース | 名 (the ~) 警察 | police | | |
| 0266 **reason** [ríːz(ə)n] リーズン | 名 理由 | reason | | |
| 0267 **sale** [seil] セイる | 名 セール，特売 | sale | | |
| 0268 **snack** [snæk] スナック | 名 軽い食事，おやつ | snack | | |
| 0269 **stadium** [stéidiəm] ステイディアム | 名 競技場，スタジアム | stadium | | |
| 0270 **main** [mein] メイン | 形 おもな，主要な | main | | |
| 0271 **angry** [æŋgri] アングリィ | 形 怒っている | angry | | |
| 0272 **own** [oun] オウン | 形 自分自身の | own | | |
| 0273 **professional** [prəféʃ(ə)n(ə)l] プロふェショヌる | 形 プロの，専門職の | professional | | |

| 単語 | 意味 | 1回目 意味を確認してなぞる | 2回目 音声を聞きながら書く | 3回目 発音しながら書く |
|---|---|---|---|---|
| 0274 **sad** [sæd] サッド | 形 悲しい | sad | | |
| 0275 **both** [bouθ] ボウす | 形 両方[者]の | both | | |
| 0276 **dear** [diər] ディア | 形 (手紙の冒頭(ぼうとう)で) 親愛なる〜さま | dear | | |
| 0277 **excited** [iksáitid] イクサイティッド | 形 (人が)わくわくした | excited | | |
| 0278 **sunny** [sʌ́ni] サニィ | 形 晴れた | sunny | | |
| 0279 **cute** [kjuːt] キュート | 形 かわいい | cute | | |
| 0280 **fine** [fain] ふァイン | 形 結構(けっこう)な，晴れた，元気な | fine | | |



## Unit 13の復習(ふくしゅう)テスト

わからないときは前Unitで確認しましょう。

| 意味 | ID | 単語を書こう |
|---|---|---|
| 名 電話 | 0250 | |
| 名 アパート | 0245 | |
| 名 (通例 〜s) 野菜 | 0254 | |
| 名 健康 | 0260 | |
| 名 妻(つま) | 0242 | |
| 名 農場 | 0248 | |
| 名 カフェテリア，(セルフサービスの)食堂(しょくどう) | 0258 | |
| 名 単語 | 0243 | |
| 名 トーナメント，選手権(せんしゅけん)試合[大会] | 0253 | |
| 名 結婚式(けっこんしき) | 0241 | |

| 意味 | ID | 単語を書こう |
|---|---|---|
| 名 商売，仕事 | 0257 | |
| 名 (衣服の)コート | 0247 | |
| 名 空港 | 0244 | |
| 名 娘(むすめ) | 0259 | |
| 名 教科書 | 0252 | |
| 名 区域(くいき)，地域(ちいき) | 0255 | |
| 名 建物，ビル | 0246 | |
| 名 息子 | 0251 | |
| 名 部分，役目 | 0249 | |
| 名 パン屋 | 0256 | |

学習日　　月　　日

| 単語 | 意味 | 1回目 意味を確認してなぞる | 2回目 音声を聞きながら書く | 3回目 発音しながら書く |
|---|---|---|---|---|
| 0281 **glad** [glæd] グラッド | 形 うれしい | glad | | |
| 0282 **healthy** [hélθi] へるすィ | 形 健康(的)な | healthy | | |
| 0283 **heavy** [hévi] ヘヴィ | 形 重い，激(はげ)しい | heavy | | |
| 0284 **same** [seim] セイム | 形 (the ~) 同じ | same | | |
| 0285 **Spanish** [spǽniʃ] スパニッシ | 形 スペインの，スペイン人[語]の | Spanish | | |
| 0286 **tired** [taiərd] タイアド | 形 疲(つか)れた | tired | | |
| 0287 **wrong** [rɔ(:)ŋ] ロ(ー)ング | 形 間違(まちが)った，(ものが)調子が悪い | wrong | | |
| 0288 **strong** [strɔ(:)ŋ] ストゥロ(ー)ング | 形 強い，じょうぶな | strong | | |
| 0289 **exciting** [iksáitiŋ] イクサイティング | 形 (人を)わくわくさせる | exciting | | |
| 0290 **nervous** [nə́:rvəs] ナ～ヴァス | 形 緊張(きんちょう)した | nervous | | |
| 0291 **surprised** [sərpráizd] サプライズド | 形 驚(おどろ)いた，びっくりした | surprised | | |
| 0292 **soon** [su:n] スーン | 副 まもなく，すぐに | soon | | |
| 0293 **twice** [twais] トゥワイス | 副 2度 | twice | | |

| 単語 | 意味 | 1回目 意味を確認してなぞる | 2回目 音声を聞きながら書く | 3回目 発音しながら書く |
|---|---|---|---|---|
| 0294 **far** [fɑːr] ふァー | 副 遠くに[へ] | far | | |
| 0295 **sometimes** [sʌ́mtaimz] サムタイムズ | 副 ときどき | sometimes | | |
| 0296 **almost** [ɔ́ːlmoust] オーるモウスト | 副 ほとんど，もう少しで | almost | | |
| 0297 **instead** [instéd] インステッド | 副 代わりに | instead | | |
| 0298 **maybe** [méibi(ː)] メイビ(ー) | 副 もしかすると，たぶん | maybe | | |
| 0299 **since** [sins] スィンス | 前 ～から(今まで)，～以来 | since | | |
| 0300 **while** [(h)wail] (フ)ワイる | 接 …している間に | while | | |

## Unit 14の復習テスト

わからないときは前Unitで確認しましょう。

| 意味 | ID | 単語を書こう |
|---|---|---|
| 形 (人が)わくわくした | 0277 | |
| 形 両方[者]の | 0275 | |
| 形 おもな，主要な | 0270 | |
| 名 ピザ | 0264 | |
| 名 競技場，スタジアム | 0269 | |
| 形 悲しい | 0274 | |
| 形 怒っている | 0271 | |
| 形 プロの，専門職の | 0273 | |
| 形 (手紙の冒頭で)親愛なる～さま | 0276 | |
| 名 情報 | 0261 | |

| 意味 | ID | 単語を書こう |
|---|---|---|
| 名 理由 | 0266 | |
| 名 (通例 the ～) インターネット | 0262 | |
| 形 かわいい | 0279 | |
| 形 自分自身の | 0272 | |
| 形 結構な，晴れた，元気な | 0280 | |
| 形 晴れた | 0278 | |
| 名 (the ～)警察 | 0265 | |
| 名 軽い食事，おやつ | 0268 | |
| 名 湖 | 0263 | |
| 名 セール，特売 | 0267 | |

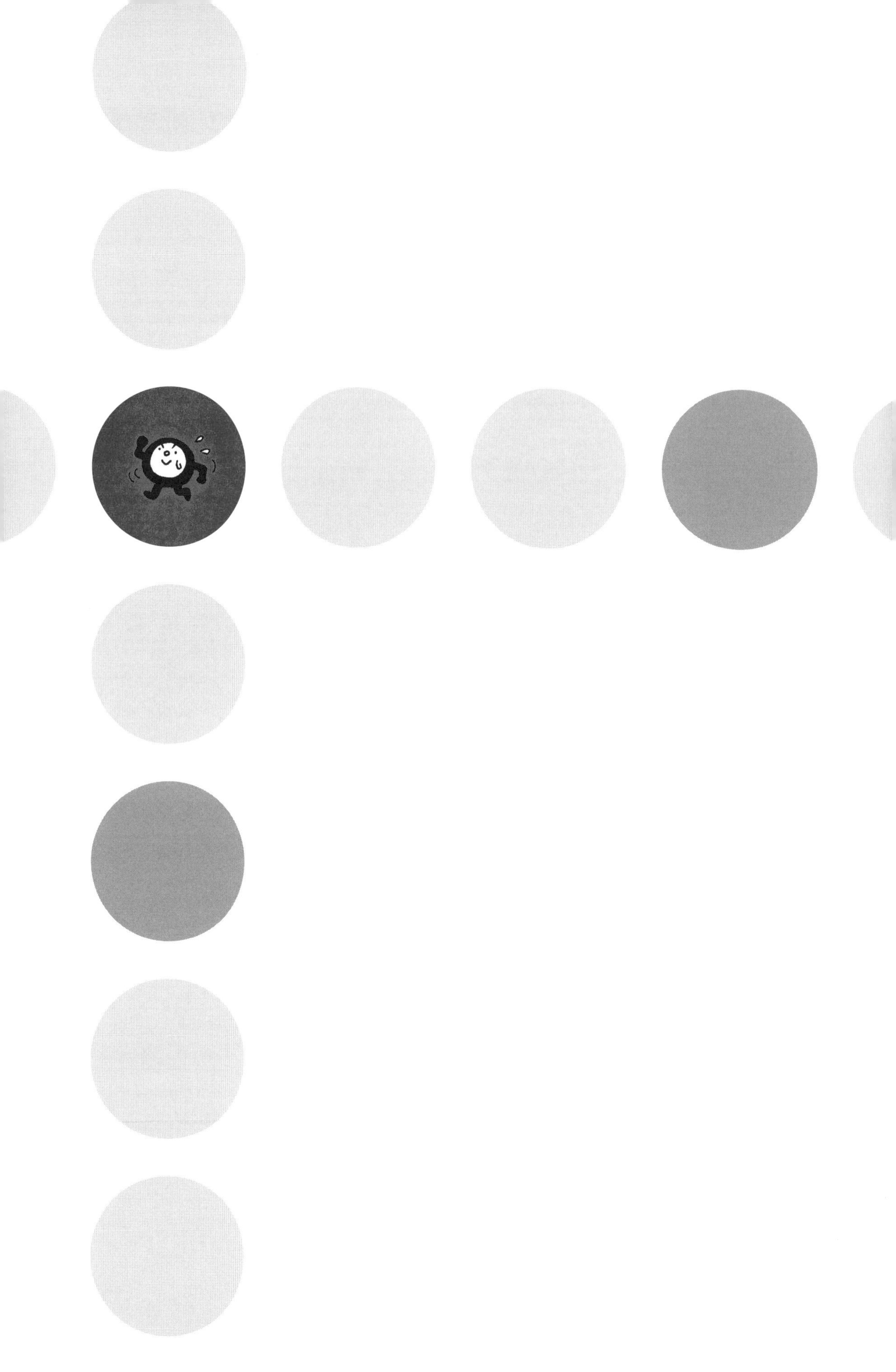

# 単語編

でる度 B よくでる重要単語 300

学習日　　　月　　　日

| 単語 | 意味 | 1回目 意味を確認してなぞる | 2回目 音声を聞きながら書く | 3回目 発音しながら書く |
|---|---|---|---|---|
| 0301 **change** [tʃeindʒ] チェインヂ | 動 を変える，変わる | change | | |
| 0302 **hurry** [hə́:ri] ハ～リィ | 動 急ぐ | hurry | | |
| 0303 **hurt** [hə:rt] ハ～ト | 動 を傷つける，にけがをさせる，痛む | hurt | | |
| 0304 **introduce** [ìntrədú:s] イントゥロドゥース | 動 を紹介する | introduce | | |
| 0305 **sleep** [sli:p] スリープ | 動 眠る | sleep | | |
| 0306 **snow** [snou] スノウ | 動 (itを主語として) 雪が降る | snow | | |
| 0307 **bake** [beik] ベイク | 動 (オーブンでパンなど) を焼く | bake | | |
| 0308 **believe** [bilí:v] ビリーヴ | 動 (を)信じる | believe | | |
| 0309 **contact** [ká(:)ntækt] カ(ー)ンタクト | 動 に連絡をとる | contact | | |
| 0310 **order** [ɔ́:rdər] オーダァ | 動 (を)注文する | order | | |
| 0311 **perform** [pərfɔ́:rm] パふォーム | 動 を上演する，(を)演じる，(を)演奏する | perform | | |
| 0312 **return** [ritə́:rn] リタ～ン | 動 を返す，戻る | return | | |
| 0313 **save** [seiv] セイヴ | 動 を救う，を貯める，を節約する | save | | |

| 単語 | 意味 | 1回目 意味を確認してなぞる | 2回目 音声を聞きながら書く | 3回目 発音しながら書く |
|---|---|---|---|---|
| 0314 **collect** [kəlékt] コレクト | 動 を集める | collect | | |
| 0315 **cost** [kɔ(:)st] コ(ー)スト | 動 (費用)がかかる | cost | | |
| 0316 **design** [dizáin] ディザイン | 動 をデザイン[設計]する | design | | |
| 0317 **enter** [éntər] エンタァ | 動 (に)入る | enter | | |
| 0318 **throw** [θrou] すロウ | 動 (を)投げる | throw | | |
| 0319 **understand** [ʌ̀ndərstǽnd] アンダスタンド | 動 (を)理解する | understand | | |
| 0320 **badminton** [bǽdmint(ə)n] バドミントゥン | 名 バドミントン | badminton | | |

単語編

でる度 B

0301 ～ 0320

## Unit 15の復習テスト

わからないときは前Unitで確認しましょう。

| 意味 | ID | 単語を書こう |
|---|---|---|
| 副 まもなく，すぐに | 0292 | |
| 形 緊張した | 0290 | |
| 形 (the ～)同じ | 0284 | |
| 形 うれしい | 0281 | |
| 前 ～から(今まで)，～以来 | 0299 | |
| 形 (人を)わくわくさせる | 0289 | |
| 接 …している間に | 0300 | |
| 副 ほとんど，もう少しで | 0296 | |
| 形 驚いた，びっくりした | 0291 | |
| 副 ときどき | 0295 | |

| 意味 | ID | 単語を書こう |
|---|---|---|
| 形 間違った，(ものが)調子が悪い | 0287 | |
| 副 代わりに | 0297 | |
| 形 強い，じょうぶな | 0288 | |
| 副 2度 | 0293 | |
| 形 健康(的)な | 0282 | |
| 形 スペインの，スペイン人[語]の | 0285 | |
| 副 もしかすると，たぶん | 0298 | |
| 形 疲れた | 0286 | |
| 副 遠くに[へ] | 0294 | |
| 形 重い，激しい | 0283 | |

学習日　　月　　日

| 単語 | 意味 | 1回目 意味を確認してなぞる | 2回目 音声を聞きながら書く | 3回目 発音しながら書く |
|---|---|---|---|---|
| 0321 **bottle** [bá(:)tl] バ(ー)トゥる | 名 びん | bottle | | |
| 0322 **café** [kæféi] キャふェイ | 名 喫茶店 | café | | |
| 0323 **cookie** [kúki] クッキィ | 名 クッキー | cookie | | |
| 0324 **end** [end] エンド | 名 終わり | end | | |
| 0325 **grade** [greid] グレイド | 名 成績，学年，等級 | grade | | |
| 0326 **grandfather** [grǽn(d)fà:ðər] グラン(ド)ふァーざァ | 名 祖父 | grandfather | | |
| 0327 **hall** [hɔ:l] ホーる | 名 ホール，会館，集会場，役所 | hall | | |
| 0328 **letter** [létər] れタァ | 名 手紙，文字 | letter | | |
| 0329 **parade** [pəréid] パレイド | 名 パレード | parade | | |
| 0330 **performance** [pərfɔ́:rməns] パふォーマンス | 名 上演，演技，演奏 | performance | | |
| 0331 **salad** [sǽləd] サらッド | 名 サラダ | salad | | |
| 0332 **website** [wébsait] ウェブサイト | 名 ウェブサイト | website | | |
| 0333 **actor** [ǽktər] アクタァ | 名 俳優 | actor | | |

| 単語 | 意味 | 1回目 意味を確認してなぞる | 2回目 音声を聞きながら書く | 3回目 発音しながら書く |
|---|---|---|---|---|
| 0334 **animal** [ǽnim(ə)l] アニマる | 名 動物 | animal | | |
| 0335 **astronaut** [ǽstrənɔ:t] アストゥロノート | 名 宇宙飛行士 | astronaut | | |
| 0336 **chocolate** [tʃɔ́:klət] チョークれット | 名 チョコレート | chocolate | | |
| 0337 **comedy** [kɑ́(:)mədi] カ(ー)メディ | 名 喜劇，コメディー | comedy | | |
| 0338 **fruit** [fru:t] ふルート | 名 果物 | fruit | | |
| 0339 **future** [fjú:tʃər] ふューチャ | 名 (通例 the ～)未来，将来 | future | | |
| 0340 **goal** [goul] ゴウる | 名 (ゴールによる)得点，(サッカーなどの)ゴール，目標 | goal | | |

## Unit 16の復習テスト

わからないときは前Unitで確認しましょう。

| 意味 | ID | 単語を書こう |
|---|---|---|
| 動 (を)投げる | 0318 | |
| 動 を返す，戻る | 0312 | |
| 動 をデザイン[設計]する | 0316 | |
| 動 を上演する，(を)演じる，(を)演奏する | 0311 | |
| 動 (を)信じる | 0308 | |
| 動 を紹介する | 0304 | |
| 動 (を)注文する | 0310 | |
| 動 眠る | 0305 | |
| 動 を傷つける，にけがをさせる，痛む | 0303 | |
| 動 (itを主語として)雪が降る | 0306 | |

| 意味 | ID | 単語を書こう |
|---|---|---|
| 動 急ぐ | 0302 | |
| 動 を集める | 0314 | |
| 動 を変える，変わる | 0301 | |
| 動 (オーブンでパンなど)を焼く | 0307 | |
| 名 バドミントン | 0320 | |
| 動 を救う，を貯める，を節約する | 0313 | |
| 動 (費用)がかかる | 0315 | |
| 動 (を)理解する | 0319 | |
| 動 に連絡をとる | 0309 | |
| 動 (に)入る | 0317 | |

学習日　　月　　日

| 単語 | 意味 | 1回目 意味を確認してなぞる | 2回目 音声を聞きながら書く | 3回目 発音しながら書く |
|---|---|---|---|---|
| 0341 **hobby** [há(:)bi] ハ(ー)ビィ | 名 趣味 | hobby | | |
| 0342 **license** [láis(ə)ns] らイセンス | 名 免許証，免許 | license | | |
| 0343 **locker** [lá(:)kər] ら(ー)カァ | 名 ロッカー | locker | | |
| 0344 **machine** [məʃí:n] マシーン | 名 機械 | machine | | |
| 0345 **magazine** [mǽgəzi:n] マガズィーン | 名 雑誌 | magazine | | |
| 0346 **model** [má(:)dl] マ(ー)ドゥる | 名 模型，型，モデル | model | | |
| 0347 **notice** [nóutəs] ノウティス | 名 掲示，通知［お知らせ］ | notice | | |
| 0348 **paper** [péipər] ペイパァ | 名 紙 | paper | | |
| 0349 **question** [kwéstʃ(ə)n] クウェスチョン | 名 質問 | question | | |
| 0350 **recipe** [résəpi] レスィピ | 名（料理の）作り方，調理法 | recipe | | |
| 0351 **rule** [ru:l] ルーる | 名 規則，ルール | rule | | |
| 0352 **season** [sí:z(ə)n] スィーズン | 名 季節，時季 | season | | |
| 0353 **sofa** [sóufə] ソウふァ | 名 ソファ | sofa | | |

| 単語 | 意味 | 1回目 意味を確認してなぞる | 2回目 音声を聞きながら書く | 3回目 発音しながら書く |
|---|---|---|---|---|
| 0354 **tour** [tuər] トゥア | 名(観光などの)旅行，ツアー | tour | | |
| 0355 **video** [vídiou] ヴィディオウ | 名ビデオ，映像 | video | | |
| 0356 **winner** [wínər] ウィナァ | 名優勝者，勝利者 | winner | | |
| 0357 **accident** [ǽksid(ə)nt] アクスィデント | 名事故 | accident | | |
| 0358 **answer** [ǽnsər] アンサァ | 名答え，返事 | answer | | |
| 0359 **bank** [bæŋk] バンク | 名銀行 | bank | | |
| 0360 **copy** [ká(:)pi] カ(ー)ピィ | 名コピー，複写 | copy | | |

## Unit 17の復習テスト
わからないときは前Unitで確認しましょう。

| 意味 | ID | 単語を書こう |
|---|---|---|
| 名ウェブサイト | 0332 | |
| 名パレード | 0329 | |
| 名終わり | 0324 | |
| 名びん | 0321 | |
| 名チョコレート | 0336 | |
| 名動物 | 0334 | |
| 名サラダ | 0331 | |
| 名ホール，会館，集会場，役所 | 0327 | |
| 名(通例 the ～)未来，将来 | 0339 | |
| 名喫茶店 | 0322 | |
| 名喜劇，コメディー | 0337 | |
| 名(ゴールによる)得点，(サッカーなどの)ゴール，目標 | 0340 | |
| 名クッキー | 0323 | |
| 名宇宙飛行士 | 0335 | |
| 名果物 | 0338 | |
| 名俳優 | 0333 | |
| 名成績，学年，等級 | 0325 | |
| 名上演，演技，演奏 | 0330 | |
| 名祖父 | 0326 | |
| 名手紙，文字 | 0328 | |

学習日　月　日

| 単語 | 意味 | 1回目 意味を確認してなぞる | 2回目 音声を聞きながら書く | 3回目 発音しながら書く |
|---|---|---|---|---|
| 0361 **dentist** [déntist] デンティスト | 名 歯医者，歯科医 | dentist | | |
| 0362 **farmer** [fá:rmər] ふァーマァ | 名 農場経営者 | farmer | | |
| 0363 **horse** [hɔ:rs] ホース | 名 馬 | horse | | |
| 0364 **junior high school** [dʒù:njər hái skù:l] ヂューニャ ハイ スクーる | 名 中学校 | junior high school | | |
| 0365 **kitchen** [kítʃ(ə)n] キチン | 名 台所 | kitchen | | |
| 0366 **race** [reis] レイス | 名 レース，競走 | race | | |
| 0367 **sign** [sain] サイン | 名 看板，掲示 | sign | | |
| 0368 **snowboard** [snóubɔ:rd] スノウボード | 名 スノーボード（の板） | snowboard | | |
| 0369 **subject** [sʌ́bdʒekt] サブヂェクト | 名（Eメールなどの）件名，教科 | subject | | |
| 0370 **tiger** [táigər] タイガァ | 名 トラ | tiger | | |
| 0371 **toy** [tɔi] トイ | 名 おもちゃ | toy | | |
| 0372 **visitor** [vízətər] ヴィズィタァ | 名 訪問者，観光客 | visitor | | |
| 0373 **crowded** [kráudid] クラウディッド | 形 混雑した | crowded | | |

| 単語 | 意味 | 1回目 意味を確認してなぞる | 2回目 音声を聞きながら書く | 3回目 発音しながら書く |
|---|---|---|---|---|
| 0374 **easy** [íːzi] イーズィ | 形 簡単な | easy | | |
| 0375 **fast** [fæst] ふァスト | 形 速い | fast | | |
| 0376 **half** [hæf] ハふ | 形 半分の | half | | |
| 0377 **hungry** [hʌ́ŋgri] ハングリィ | 形 空腹の | hungry | | |
| 0378 **afraid** [əfréid] アふレイド | 形 怖がって，恐れて | afraid | | |
| 0379 **cloudy** [kláudi] クらウディ | 形 曇った | cloudy | | |
| 0380 **dirty** [də́ːrti] ダ～ティ | 形 汚れた，汚い | dirty | | |



## Unit 18の復習テスト

わからないときは前Unitで確認しましょう。

| 意味 | ID | 単語を書こう |
|---|---|---|
| 名 答え，返事 | 0358 | |
| 名 紙 | 0348 | |
| 名 コピー，複写 | 0360 | |
| 名 掲示，通知[お知らせ] | 0347 | |
| 名 趣味 | 0341 | |
| 名 (観光などの)旅行，ツアー | 0354 | |
| 名 規則，ルール | 0351 | |
| 名 ソファ | 0353 | |
| 名 銀行 | 0359 | |
| 名 季節，時季 | 0352 | |

| 意味 | ID | 単語を書こう |
|---|---|---|
| 名 模型，型，モデル | 0346 | |
| 名 質問 | 0349 | |
| 名 優勝者，勝利者 | 0356 | |
| 名 (料理の)作り方，調理法 | 0350 | |
| 名 免許証，免許 | 0342 | |
| 名 雑誌 | 0345 | |
| 名 ロッカー | 0343 | |
| 名 ビデオ，映像 | 0355 | |
| 名 機械 | 0344 | |
| 名 事故 | 0357 | |

学習日 月 日

| 単語 | 意味 | 1回目 意味を確認してなぞる | 2回目 音声を聞きながら書く | 3回目 発音しながら書く |
| --- | --- | --- | --- | --- |
| 0381 **funny** [fʌ́ni] ふァニィ | 形 おかしい，こっけいな | funny | | |
| 0382 **poor** [puər] プア | 形 貧しい，へたな | poor | | |
| 0383 **such** [sʌtʃ] サッチ | 形 そのような，このような | such | | |
| 0384 **warm** [wɔːrm] ウォーム | 形 暖かい | warm | | |
| 0385 **international** [ìntərnǽʃ(ə)n(ə)l] インタァナショヌる | 形 国際的な | international | | |
| 0386 **wet** [wet] ウェット | 形 ぬれた | wet | | |
| 0387 **alone** [əlóun] アろウン | 副 1人で | alone | | |
| 0388 **else** [els] エるス | 副 その他に | else | | |
| 0389 **however** [hauévər] ハウエヴァ | 副 しかしながら | however | | |
| 0390 **part-time** [pɑ̀ːrttáim] パートタイム | 副 パートタイムで，非常勤で | part-time | | |
| 0391 **abroad** [əbrɔ́ːd] アブロード | 副 海外で［に］ | abroad | | |
| 0392 **finally** [fáin(ə)li] ふァイナりィ | 副 ついに，最後に | finally | | |
| 0393 **someday** [sʌ́mdei] サムデイ | 副 いつか，そのうちに | someday | | |

| 単語 | 意味 | 1回目 意味を確認してなぞる | 2回目 音声を聞きながら書く | 3回目 発音しながら書く |
|---|---|---|---|---|
| 0394 **either** [íːðər] イーざァ | 副 (否定文で) ～もまた(～ない) | either | | |
| 0395 **even** [íːv(ə)n] イーヴン | 副 ～でさえ, (比較級を強めて) さらに | even | | |
| 0396 **beside** [bisáid] ビサイド | 前 ～のそばに, ～と並んで | beside | | |
| 0397 **through** [θruː] すルー | 前 ～を通り抜けて, ～を通して | through | | |
| 0398 **herself** [həːrsélf] ハ～せるふ | 代 彼女自身(を[に]) | herself | | |
| 0399 **anyone** [éniwʌn] エニワン | 代 (疑問文で)誰か, (否定文で)誰も(～ない) | anyone | | |
| 0400 **myself** [maisélf] マイせるふ | 代 私自身(を[に]) | myself | | |

## Unit 19の復習テスト

わからないときは前Unitで確認しましょう。

| 意味 | ID | 単語を書こう |
|---|---|---|
| 名 トラ | 0370 | |
| 名 訪問者, 観光客 | 0372 | |
| 名 農場経営者 | 0362 | |
| 形 混雑した | 0373 | |
| 形 空腹の | 0377 | |
| 形 曇った | 0379 | |
| 名 馬 | 0363 | |
| 形 簡単な | 0374 | |
| 名 レース, 競走 | 0366 | |
| 名 おもちゃ | 0371 | |

| 意味 | ID | 単語を書こう |
|---|---|---|
| 名 歯医者, 歯科医 | 0361 | |
| 名 看板, 掲示 | 0367 | |
| 形 速い | 0375 | |
| 名 中学校 | 0364 | |
| 名 スノーボード(の板) | 0368 | |
| 形 半分の | 0376 | |
| 名 台所 | 0365 | |
| 名 (Eメールなどの)件名, 教科 | 0369 | |
| 形 汚れた, 汚い | 0380 | |
| 形 怖がって, 恐れて | 0378 | |

学習日　月　日

| 単語 | 意味 | 1回目 意味を確認してなぞる | 2回目 音声を聞きながら書く | 3回目 発音しながら書く |
|---|---|---|---|---|
| 0401 **climb** [klaim] クらイム | 動 (に)登る | climb | | |
| 0402 **cover** [kʌ́vər] カヴァ | 動 をおおう | cover | | |
| 0403 **die** [dai] ダイ | 動 死ぬ | die | | |
| 0404 **follow** [fá(:)lou] ふァ(ー)ろウ | 動 に従(したが)う，についてく | follow | | |
| 0405 **hit** [hit] ヒット | 動 をぶつける，にぶつかる，を打つ | hit | | |
| 0406 **injure** [índʒər] インヂャ | 動 にけがをさせる，を傷(きず)つける | injure | | |
| 0407 **lend** [lend] れンド | 動 を貸(か)す | lend | | |
| 0408 **plant** [plænt] プらント | 動 を植える | plant | | |
| 0409 **receive** [risí:v] リスィーヴ | 動 を受け取る | receive | | |
| 0410 **start** [stɑ:rt] スタート | 動 を始める，始まる | start | | |
| 0411 **steal** [sti:l] スティーる | 動 を盗(ぬす)む | steal | | |
| 0412 **taste** [teist] テイスト | 動 (形容詞(けいようし)の前で)の味がする | taste | | |
| 0413 **cry** [krai] クライ | 動 泣く，叫(さけ)ぶ | cry | | |

| 単語 | 意味 | 1回目 意味を確認してなぞる | 2回目 音声を聞きながら書く | 3回目 発音しながら書く |
|---|---|---|---|---|
| 0414 **fall** [fɔːl] ふぉーる | 動 落ちる | fall | | |
| 0415 **fix** [fiks] ふィックス | 動 を修理する | fix | | |
| 0416 **invent** [invént] インヴェント | 動 を発明する | invent | | |
| 0417 **kill** [kil] キる | 動 を殺す | kill | | |
| 0418 **paint** [peint] ペイント | 動 を(絵の具で)描く，にペンキを塗る | paint | | |
| 0419 **serve** [səːrv] サ〜ヴ | 動 (食事など)を出す | serve | | |
| 0420 **adult** [ədʌ́lt] アダるト | 名 大人 | adult | | |

単語編

でる度 B

0401〜0420

## Unit 20の復習テスト

わからないときは前Unitで確認しましょう。

| 意味 | ID | 単語を書こう |
|---|---|---|
| 副 海外で[に] | 0391 | |
| 副 (否定文で)〜もまた(〜ない) | 0394 | |
| 副 1人で | 0387 | |
| 副 いつか，そのうちに | 0393 | |
| 代 (疑問文で)誰か，(否定文で)誰も(〜ない) | 0399 | |
| 形 貧しい，へたな | 0382 | |
| 副 しかしながら | 0389 | |
| 代 彼女自身(を[に]) | 0398 | |
| 副 その他に | 0388 | |
| 副 ついに，最後に | 0392 | |

| 意味 | ID | 単語を書こう |
|---|---|---|
| 前 〜を通り抜けて，〜を通して | 0397 | |
| 代 私自身(を[に]) | 0400 | |
| 形 おかしい，こっけいな | 0381 | |
| 副 〜でさえ，(比較級を強めて)さらに | 0395 | |
| 形 国際的な | 0385 | |
| 形 そのような，このような | 0383 | |
| 前 〜のそばに，〜と並んで | 0396 | |
| 副 パートタイムで，非常勤で | 0390 | |
| 形 ぬれた | 0386 | |
| 形 暖かい | 0384 | |

| 単語 | 意味 | 1回目 意味を確認してなぞる | 2回目 音声を聞きながら書く | 3回目 発音しながら書く |
|---|---|---|---|---|
| 0421 **bathroom** [bǽθru:m] バスルーム | 名 浴室，トイレ | bathroom | | |
| 0422 **bicycle** [báisikl] バイスィクる | 名 自転車 | bicycle | | |
| 0423 **captain** [kǽpt(ə)n] キャプトゥン | 名 (チームの)主将，船長 | captain | | |
| 0424 **church** [tʃəːrtʃ] チャ〜チ | 名 教会 | church | | |
| 0425 **coach** [koutʃ] コウチ | 名 コーチ，監督，指導者 | coach | | |
| 0426 **comic** [ká(:)mik] カ(ー)ミック | 名 漫画本 | comic | | |
| 0427 **doughnut** [dóunʌt] ドウナット | 名 ドーナツ | doughnut | | |
| 0428 **dress** [dres] ドゥレス | 名 ドレス | dress | | |
| 0429 **experience** [ikspí(ə)riəns] イクスピ(ア)リエンス | 名 経験 | experience | | |
| 0430 **gate** [geit] ゲイト | 名 門 | gate | | |
| 0431 **horror** [hɔ́(:)rər] ホ(ー)ラァ | 名 ホラー，恐怖 | horror | | |
| 0432 **language** [lǽŋgwidʒ] らングウェッヂ | 名 言語 | language | | |
| 0433 **nature** [néitʃər] ネイチャ | 名 自然 | nature | | |

| 単語 | 意味 | 1回目 意味を確認してなぞる | 2回目 音声を聞きながら書く | 3回目 発音しながら書く |
|---|---|---|---|---|
| 0434 **noon** [nu:n] ヌーン | 名 正午 | noon | | |
| 0435 **owner** [óunər] オウナァ | 名 所有者 | owner | | |
| 0436 **person** [pə́:rs(ə)n] パ～スン | 名 人 | person | | |
| 0437 **pond** [pɑ(:)nd] パ(ー)ンド | 名 池 | pond | | |
| 0438 **price** [prais] プライス | 名 値段，価格 | price | | |
| 0439 **schedule** [skédʒu:l] スケヂューる | 名 予定 | schedule | | |
| 0440 **staff** [stæf] スタッふ | 名 職員，スタッフ | staff | | |

単語編

でる度 B

0421 ～ 0440

## Unit 21の復習テスト

わからないときは前Unitで確認しましょう。

| 意味 | ID | 単語を書こう |
|---|---|---|
| 動 (形容詞の前で)の味がする | 0412 | |
| 動 を殺す | 0417 | |
| 動 に従う，について行く | 0404 | |
| 動 落ちる | 0414 | |
| 動 をぶつける，にぶつかる，を打つ | 0405 | |
| 動 を盗む | 0411 | |
| 名 大人 | 0420 | |
| 動 死ぬ | 0403 | |
| 動 を受け取る | 0409 | |
| 動 をおおう | 0402 | |

| 意味 | ID | 単語を書こう |
|---|---|---|
| 動 を(絵の具で)描く，にペンキを塗る | 0418 | |
| 動 にけがをさせる，を傷つける | 0406 | |
| 動 (食事など)を出す | 0419 | |
| 動 を始める，始まる | 0410 | |
| 動 を発明する | 0416 | |
| 動 を貸す | 0407 | |
| 動 を修理する | 0415 | |
| 動 を植える | 0408 | |
| 動 (に)登る | 0401 | |
| 動 泣く，叫ぶ | 0413 | |

学習日 月 日

| 単語 | 意味 | 1回目 意味を確認してなぞる | 2回目 音声を聞きながら書く | 3回目 発音しながら書く |
|---|---|---|---|---|
| 0441 **stage** [steidʒ] ステイヂ | 名 舞台，ステージ | stage | | |
| 0442 **uniform** [júːnifɔːrm] ユーニふォーム | 名 制服，ユニフォーム | uniform | | |
| 0443 **volunteer** [vɑ̀(ː)ləntíər] ヴァ(ー)らンティア | 名 ボランティア（をする人） | volunteer | | |
| 0444 **award** [əwɔ́ːrd] アウォード | 名 賞，賞品 | award | | |
| 0445 **basket** [bǽskət] バスケット | 名 かご | basket | | |
| 0446 **boss** [bɔ(ː)s] ボ(ー)ス | 名 上司 | boss | | |
| 0447 **classmate** [klǽsmeit] クらスメイト | 名 同級生，クラスメート | classmate | | |
| 0448 **court** [kɔːrt] コート | 名（テニスなどの）コート | court | | |
| 0449 **dessert** [dizə́ːrt] ディザ～ト | 名 デザート | dessert | | |
| 0450 **dream** [driːm] ドゥリーム | 名（将来の）夢，（睡眠中に見る）夢 | dream | | |
| 0451 **environment** [inváiə(ə)rənmənt] インヴァイ(ア)ロンメント | 名 環境 | environment | | |
| 0452 **exam** [igzǽm] イグザム | 名 試験，テスト | exam | | |
| 0453 **fashion** [fǽʃ(ə)n] ふァション | 名 ファッション，流行 | fashion | | |

| 単語 | 意味 | 1回目 意味を確認してなぞる | 2回目 音声を聞きながら書く | 3回目 発音しながら書く |
|---|---|---|---|---|
| 0454 **field** [fi:ld] ふぃーるド | 名 野原，競技場，グラウンド | field | | |
| 0455 **forest** [fɔ́:rəst] ふォーレスト | 名 森，森林 | forest | | |
| 0456 **hole** [houl] ホウる | 名 穴 | hole | | |
| 0457 **kilogram** [kíləgræm] キろグラム | 名 キログラム | kilogram | | |
| 0458 **life** [laif] らイふ | 名 生涯，生活，命 | life | | |
| 0459 **meat** [mi:t] ミート | 名 肉 | meat | | |
| 0460 **meter** [mí:tər] ミータァ | 名 メートル | meter | | |

単語編
でる度 B
0441〜0460

## Unit 22の復習テスト

わからないときは前Unitで確認しましょう。

| 意味 | ID | 単語を書こう |
|---|---|---|
| 名 経験 | 0429 | |
| 名 言語 | 0432 | |
| 名 (チームの) 主将，船長 | 0423 | |
| 名 予定 | 0439 | |
| 名 自転車 | 0422 | |
| 名 人 | 0436 | |
| 名 門 | 0430 | |
| 名 池 | 0437 | |
| 名 浴室，トイレ | 0421 | |
| 名 ドーナツ | 0427 | |

| 意味 | ID | 単語を書こう |
|---|---|---|
| 名 職員，スタッフ | 0440 | |
| 名 漫画本 | 0426 | |
| 名 ドレス | 0428 | |
| 名 値段，価格 | 0438 | |
| 名 所有者 | 0435 | |
| 名 教会 | 0424 | |
| 名 正午 | 0434 | |
| 名 ホラー，恐怖 | 0431 | |
| 名 自然 | 0433 | |
| 名 コーチ，監督，指導者 | 0425 | |

学習日　　月　　日

| 単語 | 意味 | 1回目 意味を確認してなぞる | 2回目 音声を聞きながら書く | 3回目 発音しながら書く |
|---|---|---|---|---|
| 0461 **mind** [maind] マインド | 名 心，精神 | mind | | |
| 0462 **package** [pǽkidʒ] パケッヂ | 名 (小) 包み，小荷物 | package | | |
| 0463 **painting** [péintiŋ] ペインティング | 名 絵，絵を描くこと | painting | | |
| 0464 **platform** [plǽtfɔːrm] プラットふォーム | 名 (駅の) プラットホーム | platform | | |
| 0465 **project** [prá(ː)dʒekt] プラ(ー)ヂェクト | 名 研究課題，計画，事業 | project | | |
| 0466 **road** [roud] ロウド | 名 道路，道 | road | | |
| 0467 **rock** [rɑ(ː)k] ラ(ー)ック | 名 ロック (音楽)，岩 | rock | | |
| 0468 **scientist** [sáiəntəst] サイエンティスト | 名 科学者 | scientist | | |
| 0469 **score** [skɔːr] スコー | 名 点数 | score | | |
| 0470 **shape** [ʃeip] シェイプ | 名 形 | shape | | |
| 0471 **side** [said] サイド | 名 側，側面 | side | | |
| 0472 **sightseeing** [sáitsìːiŋ] サイトスィーイング | 名 観光 | sightseeing | | |
| 0473 **steak** [steik] ステイク | 名 ステーキ | steak | | |

| 単語 | 意味 | 1回目 意味を確認してなぞる | 2回目 音声を聞きながら書く | 3回目 発音しながら書く |
|---|---|---|---|---|
| 0474 **stomachache** [stʌ́məkeik] スタマケイク | 名 腹痛，胃痛 | stomachache | | |
| 0475 **dark** [dɑːrk] ダーク | 形 暗い | dark | | |
| 0476 **foreign** [fɔ́(:)r(ə)n] ふォ(ー)リン | 形 外国の | foreign | | |
| 0477 **full** [ful] ふる | 形 満員[席]の，いっぱいの，満腹で | full | | |
| 0478 **local** [lóuk(ə)l] ろウカる | 形 その土地の，地元の | local | | |
| 0479 **silent** [sáilənt] サイれント | 形 静かな，無言の | silent | | |
| 0480 **snowy** [snóui] スノウイ | 形 雪の降る，雪の多い | snowy | | |

## Unit 23の復習テスト

わからないときは前Unitで確認しましょう。

| 意味 | ID | 単語を書こう |
|---|---|---|
| 名 環境 | 0451 | |
| 名 ファッション，流行 | 0453 | |
| 名 賞，賞品 | 0444 | |
| 名 試験，テスト | 0452 | |
| 名 穴 | 0456 | |
| 名 デザート | 0449 | |
| 名 メートル | 0460 | |
| 名 キログラム | 0457 | |
| 名 野原，競技場，グラウンド | 0454 | |
| 名 上司 | 0446 | |
| 名 (将来の)夢，(睡眠中に見る)夢 | 0450 | |
| 名 森，森林 | 0455 | |
| 名 舞台，ステージ | 0441 | |
| 名 (テニスなどの)コート | 0448 | |
| 名 制服，ユニフォーム | 0442 | |
| 名 生涯，生活，命 | 0458 | |
| 名 肉 | 0459 | |
| 名 同級生，クラスメート | 0447 | |
| 名 ボランティア(をする人) | 0443 | |
| 名 かご | 0445 | |

学習日　　月　　日

| 単語 | 意味 | 1回目 意味を確認してなぞる | 2回目 音声を聞きながら書く | 3回目 発音しながら書く |
|---|---|---|---|---|
| 0481 **true** [tru:] トゥルー | 形 本当の，真実の | true | | |
| 0482 **wonderful** [wʌ́ndərf(ə)l] ワンダふる | 形 すばらしい | wonderful | | |
| 0483 **bright** [brait] ブライト | 形 光り輝(かがや)く，明るい | bright | | |
| 0484 **careful** [kéərfəl] ケアふる | 形 気をつける，注意深い | careful | | |
| 0485 **fresh** [freʃ] ふレッシ | 形 新鮮(しんせん)な | fresh | | |
| 0486 **million** [míljən] ミりョン | 形 100万の | million | | |
| 0487 **national** [nǽʃ(ə)n(ə)l] ナショヌる | 形 国民の，国立の，全国的な | national | | |
| 0488 **rich** [ritʃ] リッチ | 形 金持ちの，裕福(ゆうふく)な | rich | | |
| 0489 **several** [sévr(ə)l] セヴラる | 形 数個(すうこ)[人]の，いくつかの | several | | |
| 0490 **thirsty** [θə́:rsti] さ～スティ | 形 のどが渇(かわ)いた | thirsty | | |
| 0491 **below** [bilóu] ビろウ | 副 下に[へ] | below | | |
| 0492 **everywhere** [évri(h)weər] エヴリ(フ)ウェア | 副 いたるところに[で]，どこでも | everywhere | | |
| 0493 **anytime** [énitaim] エニタイム | 副 いつでも | anytime | | |

| 単語 | 意味 | 1回目 意味を確認してなぞる | 2回目 音声を聞きながら書く | 3回目 発音しながら書く |
|---|---|---|---|---|
| 0494 **anywhere** [éni(h)weər] エニ(フ)ウェア | 副 (疑問文で) どこかへ[に], (否定文で) どこへ[に]も(〜ない) | anywhere | | |
| 0495 **carefully** [kéərfəli] ケアふりィ | 副 注意深く | carefully | | |
| 0496 **inside** [ìnsáid] インサイド | 前 〜の中に[で, へ] | inside | | |
| 0497 **across** [əkrɔ́(:)s] アクロ(ー)ス | 前 〜を渡って, 〜を横切って | across | | |
| 0498 **behind** [biháind] ビハインド | 前 〜の後ろに | behind | | |
| 0499 **without** [wiðáut] ウィざウト | 前 〜なしで, (without *doing* で) 〜しないで | without | | |
| 0500 **someone** [sʌ́mwʌn] サムワン | 代 (肯定文で) 誰か, ある人 | someone | | |

## Unit 24の復習テスト

わからないときは前Unitで確認しましょう。

| 意味 | ID | 単語を書こう |
|---|---|---|
| 名 道路, 道 | 0466 | |
| 形 満員[席]の, いっぱいの, 満腹で | 0477 | |
| 名 絵, 絵を描くこと | 0463 | |
| 名 点数 | 0469 | |
| 名 (小)包み, 小荷物 | 0462 | |
| 形 静かな, 無言の | 0479 | |
| 名 (駅の)プラットホーム | 0464 | |
| 形 外国の | 0476 | |
| 名 形 | 0470 | |
| 形 暗い | 0475 | |

| 意味 | ID | 単語を書こう |
|---|---|---|
| 名 側, 側面 | 0471 | |
| 形 雪の降る, 雪の多い | 0480 | |
| 名 観光 | 0472 | |
| 名 研究課題, 計画, 事業 | 0465 | |
| 名 科学者 | 0468 | |
| 名 ステーキ | 0473 | |
| 名 ロック(音楽), 岩 | 0467 | |
| 形 その土地の, 地元の | 0478 | |
| 名 心, 精神 | 0461 | |
| 名 腹痛, 胃痛 | 0474 | |

学習日　　月　　日

| 単語 | 意味 | 1回目<br>意味を確認してなぞる | 2回目<br>音声を聞きながら書く | 3回目<br>発音しながら書く |
| --- | --- | --- | --- | --- |
| 0501<br>**burn**<br>[bəːrn]<br>バ～ン | 動 燃える，を燃やす | burn | | |
| 0502<br>**cross**<br>[krɔ(ː)s]<br>クロ(ー)ス | 動 を横断する，<br>を渡る | cross | | |
| 0503<br>**cut**<br>[kʌt]<br>カット | 動 を切る | cut | | |
| 0504<br>**exchange**<br>[ikstʃéindʒ]<br>イクスチェインヂ | 動 を交換する | exchange | | |
| 0505<br>**explain**<br>[ikspléin]<br>イクスプれイン | 動 (を)説明する | explain | | |
| 0506<br>**imagine**<br>[imǽdʒin]<br>イマヂン | 動 を想像する | imagine | | |
| 0507<br>**mean**<br>[miːn]<br>ミーン | 動 を意味する | mean | | |
| 0508<br>**pull**<br>[pul]<br>プる | 動 (を)引く | pull | | |
| 0509<br>**reach**<br>[riːtʃ]<br>リーチ | 動 に着く，に届く | reach | | |
| 0510<br>**shut**<br>[ʃʌt]<br>シャット | 動 を閉める，閉まる | shut | | |
| 0511<br>**smell**<br>[smel]<br>スメる | 動 (形容詞の前で)<br>のにおいがする，<br>(の)においをかぐ | smell | | |
| 0512<br>**action**<br>[ǽkʃ(ə)n]<br>アクション | 名 アクション，行動 | action | | |
| 0513<br>**actress**<br>[ǽktrəs]<br>アクトゥレス | 名 女優 | actress | | |

| 単語 | 意味 | 1回目 意味を確認してなぞる | 2回目 音声を聞きながら書く | 3回目 発音しながら書く |
|---|---|---|---|---|
| 0514 **belt** [belt] べるト | 名 ベルト | belt | | |
| 0515 **body** [bá(:)di] バ(ー)ディ | 名 体 | body | | |
| 0516 **butter** [bʌ́tər] バタァ | 名 バター | butter | | |
| 0517 **button** [bʌ́t(ə)n] バトゥン | 名 (機械などの)押しボタン，(衣服の)ボタン | button | | |
| 0518 **capital** [kǽpət(ə)l] キャピトゥる | 名 首都 | capital | | |
| 0519 **center** [séntər] センタァ | 名 (中心施設としての)センター，中心，中央 | center | | |
| 0520 **century** [séntʃ(ə)ri] センチュリィ | 名 世紀 | century | | |

単語編

でる度 B

0501 ～ 0520

## Unit 25の復習テスト

わからないときは前Unitで確認しましょう。

| 意味 | ID | 単語を書こう |
|---|---|---|
| 形 すばらしい | 0482 | |
| 前 ～を渡って，～を横切って | 0497 | |
| 形 数個[人]の，いくつかの | 0489 | |
| 副 (疑問文で)どこかへ[に]，(否定文で)どこへ[に]も(～ない) | 0494 | |
| 副 注意深く | 0495 | |
| 形 気をつける，注意深い | 0484 | |
| 形 のどが渇いた | 0490 | |
| 形 100万の | 0486 | |
| 代 (肯定文で)誰か，ある人 | 0500 | |
| 前 ～の後ろに | 0498 | |

| 意味 | ID | 単語を書こう |
|---|---|---|
| 前 ～の中に[で，へ] | 0496 | |
| 形 金持ちの，裕福な | 0488 | |
| 形 光り輝く，明るい | 0483 | |
| 副 いつでも | 0493 | |
| 形 国民の，国立の，全国的な | 0487 | |
| 形 新鮮な | 0485 | |
| 形 本当の，真実の | 0481 | |
| 副 下に[へ] | 0491 | |
| 副 いたるところに[で]，どこでも | 0492 | |
| 前 ～なしで，(___ *doing*で)～しないで | 0499 | |

学習日　　月　　日

| 単語 | 意味 | 1回目 意味を確認してなぞる | 2回目 音声を聞きながら書く | 3回目 発音しながら書く |
|---|---|---|---|---|
| 0521 **convenience store** [kənvíːniəns stɔ̀ːr] コンヴィーニエンス ストー | 名 コンビニエンスストア | convenience store | | |
| 0522 **culture** [kʌ́ltʃər] カるチャ | 名 文化 | culture | | |
| 0523 **customer** [kʌ́stəmər] カスタマァ | 名 (店の)客 | customer | | |
| 0524 **date** [deit] デイト | 名 日付 | date | | |
| 0525 **elementary school** [eliméntəri skuːl] エれメンタリィ スクーる | 名 小学校 | elementary school | | |
| 0526 **elevator** [éliveitər] エれヴェイタァ | 名 エレベーター | elevator | | |
| 0527 **fact** [fækt] ふァクト | 名 事実 | fact | | |
| 0528 **fever** [fíːvər] ふィーヴァ | 名 (病気による)熱 | fever | | |
| 0529 **flight** [flait] ふらイト | 名 飛行機の便, 飛行 | flight | | |
| 0530 **fridge** [fridʒ] ふリッヂ | 名 冷蔵庫(れいぞうこ) | fridge | | |
| 0531 **grandson** [grǽn(d)sʌn] グラン(ド)サン | 名 男の孫, 孫息子 | grandson | | |
| 0532 **horizon** [həráiz(ə)n] ホライズン | 名 (the ~) 地平線, 水平線 | horizon | | |
| 0533 **interview** [íntərvjuː] インタヴュー | 名 面接(めんせつ), 面談, インタビュー | interview | | |

| 単語 | 意味 | 1回目 意味を確認してなぞる | 2回目 音声を聞きながら書く | 3回目 発音しながら書く |
|---|---|---|---|---|
| 0534 **kid** [kid] キッド | 名 子ども | kid | | |
| 0535 **living room** [líviŋ ru:m] リヴィング ルーム | 名 居間 | living room | | |
| 0536 **medal** [méd(ə)l] メドゥる | 名 メダル | medal | | |
| 0537 **memory** [mém(ə)ri] メモリィ | 名 思い出，記憶（力） | memory | | |
| 0538 **middle** [mídl] ミドゥる | 名 (the ～)真ん中，中央 | middle | | |
| 0539 **mirror** [mírər] ミラァ | 名 鏡 | mirror | | |
| 0540 **mushroom** [mʌ́ʃru(:)m] マッシル(ー)ム | 名 キノコ，マッシュルーム | mushroom | | |

## Unit 26の復習テスト

わからないときは前Unitで確認しましょう。

| 意味 | ID | 単語を書こう |
|---|---|---|
| 名 (中心施設としての)センター，中心，中央 | 0519 | |
| 名 体 | 0515 | |
| 動 を切る | 0503 | |
| 名 女優 | 0513 | |
| 動 を横断する，を渡る | 0502 | |
| 名 首都 | 0518 | |
| 動 を想像する | 0506 | |
| 名 ベルト | 0514 | |
| 動 を閉める，閉まる | 0510 | |
| 動 を交換する | 0504 | |

| 意味 | ID | 単語を書こう |
|---|---|---|
| 動 に着く，に届く | 0509 | |
| 名 アクション，行動 | 0512 | |
| 動 (を)引く | 0508 | |
| 名 (機械などの)押しボタン，(衣服の)ボタン | 0517 | |
| 動 (形容詞の前で)のにおいがする，(の)においをかぐ | 0511 | |
| 動 を意味する | 0507 | |
| 名 世紀 | 0520 | |
| 動 (を)説明する | 0505 | |
| 名 バター | 0516 | |
| 動 燃える，を燃やす | 0501 | |

学習日　　月　　日

| 単語 | 意味 | 1回目 意味を確認してなぞる | 2回目 音声を聞きながら書く | 3回目 発音しながら書く |
| --- | --- | --- | --- | --- |
| 0541 **musician** [mjuzíʃ(ə)n] ミュズィシャン | 名 音楽家，ミュージシャン | musician | | |
| 0542 **mystery** [míst(ə)ri] ミステリィ | 名 推理小説，ミステリー | mystery | | |
| 0543 **panda** [pǽndə] パンダ | 名 パンダ | panda | | |
| 0544 **power** [páuər] パウア | 名 力，動力 | power | | |
| 0545 **program** [próugræm] プロウグラム | 名 番組，計画 | program | | |
| 0546 **queen** [kwi:n] クウィーン | 名 女王，王妃 | queen | | |
| 0547 **social studies** [sóuʃ(ə)l stʌ́diz] ソウシャる スタディズ | 名 (教科としての) 社会科 | social studies | | |
| 0548 **soldier** [sóuldʒər] ソウるヂャ | 名 兵士，(陸軍の) 軍人 | soldier | | |
| 0549 **stew** [stu:] ストゥー | 名 シチュー | stew | | |
| 0550 **sugar** [ʃúgər] シュガァ | 名 砂糖 | sugar | | |
| 0551 **suit** [su:t] スート | 名 スーツ | suit | | |
| 0552 **swimsuit** [swímsu:t] スウィムスート | 名 (女性用のワンピース型の) 水着 | swimsuit | | |
| 0553 **symbol** [símb(ə)l] スィンボる | 名 象徴 | symbol | | |

| 単語 | 意味 | 1回目 意味を確認してなぞる | 2回目 音声を聞きながら書く | 3回目 発音しながら書く |
|---|---|---|---|---|
| 0554 **tooth** [tu:θ] トゥーす | 名 歯 | tooth | | |
| 0555 **tourist** [túrəst] トゥリスト | 名 観光客，旅行者 | tourist | | |
| 0556 **type** [taip] タイプ | 名 型，タイプ | type | | |
| 0557 **waiter** [wéitər] ウェイタァ | 名 (男性の)ウエーター | waiter | | |
| 0558 **war** [wɔ:r] ウォー | 名 戦争 | war | | |
| 0559 **aquarium** [əkwé(ə)riəm] アクウェ(ア)リアム | 名 水族館 | aquarium | | |
| 0560 **barbecue** [bá:rbikju:] バーベキュー | 名 バーベキュー | barbecue | | |



## Unit 27の復習テスト

わからないときは前Unitで確認しましょう。

| 意味 | ID | 単語を書こう |
|---|---|---|
| 名 事実 | 0527 | |
| 名 男の孫，孫息子 | 0531 | |
| 名 キノコ，マッシュルーム | 0540 | |
| 名 (the ～)地平線，水平線 | 0532 | |
| 名 (the ～)真ん中，中央 | 0538 | |
| 名 (病気による)熱 | 0528 | |
| 名 コンビニエンスストア | 0521 | |
| 名 エレベーター | 0526 | |
| 名 飛行機の便，飛行 | 0529 | |
| 名 小学校 | 0525 | |

| 意味 | ID | 単語を書こう |
|---|---|---|
| 名 冷蔵庫 | 0530 | |
| 名 (店の)客 | 0523 | |
| 名 メダル | 0536 | |
| 名 鏡 | 0539 | |
| 名 子ども | 0534 | |
| 名 日付 | 0524 | |
| 名 思い出，記憶(力) | 0537 | |
| 名 文化 | 0522 | |
| 名 居間 | 0535 | |
| 名 面接，面談，インタビュー | 0533 | |

学習日　　月　　日

| 単語 | 意味 | 1回目 意味を確認してなぞる | 2回目 音声を聞きながら書く | 3回目 発音しながら書く |
|---|---|---|---|---|
| 0561 **firework** [fáiərwə:rk] ふァイアワ〜ク | 名 花火，(～s)花火の打ち上げ | firework | | |
| 0562 **hill** [hil] ヒる | 名 丘，(低い)山 | hill | | |
| 0563 **homestay** [hóumstei] ホウムステイ | 名 ホームステイ | homestay | | |
| 0564 **hometown** [hòumtáun] ホウムタウン | 名 (生まれ)故郷 | hometown | | |
| 0565 **musical** [mjú:zik(ə)l] ミューズィカる | 名 ミュージカル | musical | | |
| 0566 **president** [prézid(ə)nt] プレズィデント | 名 (しばしばP-)大統領，会長，学長 | president | | |
| 0567 **rocket** [rá(:)kət] ラ(ー)ケット | 名 ロケット | rocket | | |
| 0568 **shrine** [ʃrain] シライン | 名 神社 | shrine | | |
| 0569 **statue** [stǽtʃu:] スタチュー | 名 像，彫像 | statue | | |
| 0570 **suitcase** [sú:tkeis] スートケイス | 名 スーツケース | suitcase | | |
| 0571 **sweater** [swétər] スウェタァ | 名 セーター | sweater | | |
| 0572 **tradition** [trədíʃ(ə)n] トゥラディション | 名 伝統 | tradition | | |
| 0573 **worker** [wə́:rkər] ワ〜カァ | 名 働く人，労働者 | worker | | |

| 単語 | 意味 | 1回目 意味を確認してなぞる | 2回目 音声を聞きながら書く | 3回目 発音しながら書く |
|---|---|---|---|---|
| 0574 **billion** [bíljən] ビリョン | 形 10億の | billion | | |
| 0575 **boring** [bɔ́:riŋ] ボーリング | 形 退屈な | boring | | |
| 0576 **central** [séntr(ə)l] セントゥラる | 形 中心の，中央の | central | | |
| 0577 **clear** [kliər] クリア | 形 澄んだ，晴れた | clear | | |
| 0578 **clever** [klévər] クれヴァ | 形 利口な | clever | | |
| 0579 **deep** [di:p] ディープ | 形 深い | deep | | |
| 0580 **enjoyable** [indʒɔ́iəbl] インヂョイアブる | 形 楽しい，おもしろい | enjoyable | | |



## Unit 28の復習テスト

わからないときは前Unitで確認しましょう。

| 意味 | ID | 単語を書こう |
|---|---|---|
| 名 スーツ | 0551 | |
| 名 兵士，(陸軍の)軍人 | 0548 | |
| 名 音楽家，ミュージシャン | 0541 | |
| 名 シチュー | 0549 | |
| 名 象徴 | 0553 | |
| 名 番組，計画 | 0545 | |
| 名 歯 | 0554 | |
| 名 戦争 | 0558 | |
| 名 力，動力 | 0544 | |
| 名 水族館 | 0559 | |

| 意味 | ID | 単語を書こう |
|---|---|---|
| 名 観光客，旅行者 | 0555 | |
| 名 パンダ | 0543 | |
| 名 (教科としての)社会科 | 0547 | |
| 名 砂糖 | 0550 | |
| 名 型，タイプ | 0556 | |
| 名 推理小説，ミステリー | 0542 | |
| 名 (男性の)ウエーター | 0557 | |
| 名 (女性用のワンピース型の)水着 | 0552 | |
| 名 女王，王妃 | 0546 | |
| 名 バーベキュー | 0560 | |

学習日　　月　　日

| 単語 | 意味 | 1回目 意味を確認してなぞる | 2回目 音声を聞きながら書く | 3回目 発音しながら書く |
|---|---|---|---|---|
| 0581 **final** [fáin(ə)l] ふァイナる | 形 最終の，最後の | final | | |
| 0582 **loud** [laud] らウド | 形 (音・声が)大きい | loud | | |
| 0583 **lucky** [lʌ́ki] らキィ | 形 運のよい | lucky | | |
| 0584 **narrow** [nǽrou] ナロウ | 形 (幅が)狭い | narrow | | |
| 0585 **perfect** [pə́:rfikt] パ～ふェクト | 形 完ぺきな，完全な | perfect | | |
| 0586 **short** [ʃɔ:rt] ショート | 形 短い，背の低い | short | | |
| 0587 **simple** [símpl] スィンプる | 形 簡単な，質素な | simple | | |
| 0588 **tight** [tait] タイト | 形 きつい | tight | | |
| 0589 **top** [tɑ(:)p] タ(ー)ップ | 形 いちばん上の | top | | |
| 0590 **usual** [jú:ʒu(ə)l] ユージュ(ア)る | 形 いつもの，ふつうの | usual | | |
| 0591 **whole** [houl] ホウる | 形 全体の | whole | | |
| 0592 **actually** [ǽktʃu(ə)li] アクチュ(ア)りィ | 副 実は，実際に | actually | | |
| 0593 **anymore** [ènimɔ́:r] エニモー | 副 (疑問文・否定文で)今はもう［これ以上］(～ない) | anymore | | |

| 単語 | 意味 | 1回目 意味を確認してなぞる | 2回目 音声を聞きながら書く | 3回目 発音しながら書く |
|---|---|---|---|---|
| 0594 **anyway** [éniwei] エニウェイ | 副 とにかく，いずれにしても | anyway | | |
| 0595 **luckily** [lʌ́kili] らキりィ | 副 幸運にも | luckily | | |
| 0596 **pretty** [príti] プリティ | 副 (形容詞や副詞の前で) かなり，とても | pretty | | |
| 0597 **quickly** [kwíkli] クウィックりィ | 副 すばやく，速く，すぐに | quickly | | |
| 0598 **sometime** [sʌ́mtaim] サムタイム | 副 いつか，かつて | sometime | | |
| 0599 **between** [bitwí:n] ビトゥウィーン | 前 (2つ[2人])の間に[で] | between | | |
| 0600 **as** [æz] アズ | 前 ～として | as | | |



## Unit 29の復習テスト

わからないときは前Unitで確認しましょう。

| 意味 | ID | 単語を書こう |
|---|---|---|
| 名 花火，(～s)花火の打ち上げ | 0561 | |
| 名 ロケット | 0567 | |
| 形 深い | 0579 | |
| 名 スーツケース | 0570 | |
| 形 中心の，中央の | 0576 | |
| 名 神社 | 0568 | |
| 名 セーター | 0571 | |
| 形 10億の | 0574 | |
| 名 ミュージカル | 0565 | |
| 名 伝統 | 0572 | |

| 意味 | ID | 単語を書こう |
|---|---|---|
| 形 楽しい，おもしろい | 0580 | |
| 名 (生まれ)故郷 | 0564 | |
| 名 像，彫像 | 0569 | |
| 名 丘，(低い)山 | 0562 | |
| 名 (しばしばP-)大統領，会長，学長 | 0566 | |
| 形 利口な | 0578 | |
| 名 ホームステイ | 0563 | |
| 形 退屈な | 0575 | |
| 形 澄んだ，晴れた | 0577 | |
| 名 働く人，労働者 | 0573 | |

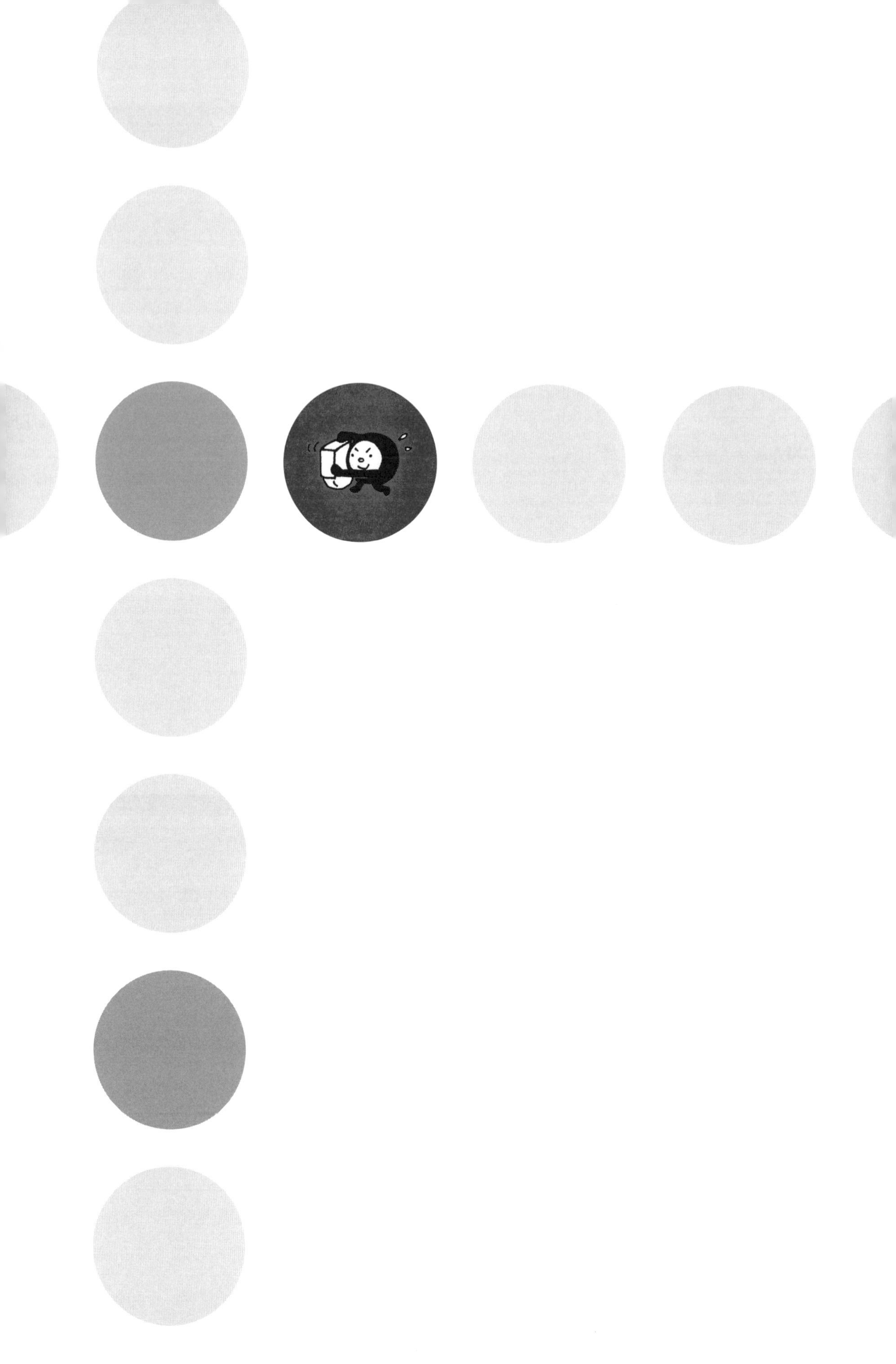

単語編

でる度 C 差がつく応用単語 300

学習日　　月　　日

| 単語 | 意味 | 1回目 意味を確認してなぞる | 2回目 音声を聞きながら書く | 3回目 発音しながら書く |
|---|---|---|---|---|
| 0601 **attend** [əténd] アテンド | 動 に出席する | attend | | |
| 0602 **boil** [bɔil] ボイる | 動 をゆでる | boil | | |
| 0603 **cancel** [kǽns(ə)l] キャンセる | 動 (予約・注文など)を取り消す，を中止する | cancel | | |
| 0604 **continue** [kəntínju(:)] コンティニュ(ー) | 動 を続ける，続く | continue | | |
| 0605 **laugh** [læf] らふ | 動 笑う | laugh | | |
| 0606 **prepare** [pripéər] プリペア | 動 準備する | prepare | | |
| 0607 **protect** [prətékt] プロテクト | 動 を保護する | protect | | |
| 0608 **push** [puʃ] プッシ | 動 (を)押す | push | | |
| 0609 **recycle** [rì:sáikl] リーサイクる | 動 を再生利用する，をリサイクルする | recycle | | |
| 0610 **rest** [rest] レスト | 動 休む，休憩する | rest | | |
| 0611 **share** [ʃeər] シェア | 動 を共有する，を分け合う | share | | |
| 0612 **smile** [smail] スマイる | 動 ほほえむ | smile | | |
| 0613 **touch** [tʌtʃ] タッチ | 動 に触れる，に触る | touch | | |

| 単語 | 意味 | 1回目 意味を確認してなぞる | 2回目 音声を聞きながら書く | 3回目 発音しながら書く |
|---|---|---|---|---|
| 0614 **activity** [æktívəti] アクティヴィティ | 名 活動 | activity | | |
| 0615 **address** [ədrés] アドゥレス | 名 住所，(メールの)アドレス | address | | |
| 0616 **advice** [ədváis] アドヴァイス | 名 助言，アドバイス | advice | | |
| 0617 **air** [eər] エア | 名 空気 | air | | |
| 0618 **alarm** [əlá:rm] アらーム | 名 目覚まし時計，警報(器) | alarm | | |
| 0619 **block** [blɑ(:)k] ブら(ー)ック | 名 (街の)1区画 | block | | |
| 0620 **bridge** [bridʒ] ブリッヂ | 名 橋 | bridge | | |

## Unit 30の復習テスト

わからないときは前Unitで確認しましょう。

| 意味 | ID | 単語を書こう |
|---|---|---|
| 形 いつもの，ふつうの | 0590 | |
| 形 完ぺきな，完全な | 0585 | |
| 副 いつか，かつて | 0598 | |
| 形 簡単な，質素な | 0587 | |
| 副 幸運にも | 0595 | |
| 形 全体の | 0591 | |
| 形 最終の，最後の | 0581 | |
| 前 ～として | 0600 | |
| 副 実は，実際に | 0592 | |
| 副 すばやく，速く，すぐに | 0597 | |

| 意味 | ID | 単語を書こう |
|---|---|---|
| 形 短い，背の低い | 0586 | |
| 形 運のよい | 0583 | |
| 前 (2つ[2人])の間に[で] | 0599 | |
| 副 (疑問文・否定文で)今はもう[これ以上](～ない) | 0593 | |
| 形 いちばん上の | 0589 | |
| 副 とにかく，いずれにしても | 0594 | |
| 副 (形容詞や副詞の前で)かなり，とても | 0596 | |
| 形 (幅が)狭い | 0584 | |
| 形 (音・声が)大きい | 0582 | |
| 形 きつい | 0588 | |

学習日　月　日

| 単語 | 意味 | 1回目 意味を確認してなぞる | 2回目 音声を聞きながら書く | 3回目 発音しながら書く |
|---|---|---|---|---|
| 0621 **ceremony** [sérəmouni] セレモウニィ | 名 式，儀式 | ceremony | | |
| 0622 **chance** [tʃæns] チャンス | 名 機会 | chance | | |
| 0623 **chef** [ʃef] シェふ | 名 シェフ，料理長 | chef | | |
| 0624 **costume** [ká(:)stu:m] カ(ー)ストゥーム | 名 衣装 | costume | | |
| 0625 **difference** [díf(ə)r(ə)ns] ディふ(ァ)レンス | 名 違い | difference | | |
| 0626 **energy** [énərdʒi] エナヂィ | 名 エネルギー | energy | | |
| 0627 **entrance** [éntr(ə)ns] エントゥランス | 名 入り口 | entrance | | |
| 0628 **figure** [fígjər] ふィギャ | 名 図，図表，人物，数字 | figure | | |
| 0629 **flag** [flæg] ふラッグ | 名 旗 | flag | | |
| 0630 **garbage** [gá:rbidʒ] ガービヂ | 名 ごみ | garbage | | |
| 0631 **glove** [glʌv] グらヴ | 名 手袋，(野球などの)グローブ | glove | | |
| 0632 **guide** [gaid] ガイド | 名 ガイド，案内人 | guide | | |
| 0633 **hamburger** [hǽmbə:rgər] ハンバ～ガァ | 名 ハンバーガー | hamburger | | |

| 単語 | 意味 | 1回目 意味を確認してなぞる | 2回目 音声を聞きながら書く | 3回目 発音しながら書く |
|---|---|---|---|---|
| 0634 **headache** [hédeik] ヘデイク | 名 頭痛 | headache | | |
| 0635 **height** [hait] ハイト | 名 高さ，身長 | height | | |
| 0636 **hero** [hí:rou] ヒーロウ | 名 英雄，(男性の) 主人公 | hero | | |
| 0637 **island** [áilənd] アイランド | 名 島 | island | | |
| 0638 **jazz** [dʒæz] ヂャズ | 名 ジャズ | jazz | | |
| 0639 **jeans** [dʒi:nz] ヂーンズ | 名 ジーンズ | jeans | | |
| 0640 **judge** [dʒʌdʒ] ヂャッヂ | 名 審査員，審判員 | judge | | |



## Unit 31の復習テスト

わからないときは前Unitで確認しましょう。

| 意味 | ID | 単語を書こう |
|---|---|---|
| 動 をゆでる | 0602 | |
| 動 笑う | 0605 | |
| 名 活動 | 0614 | |
| 動 を保護する | 0607 | |
| 動 に触れる，に触る | 0613 | |
| 名 住所，(メールの) アドレス | 0615 | |
| 名 (街の) 1区画 | 0619 | |
| 動 に出席する | 0601 | |
| 動 (を) 押す | 0608 | |
| 名 空気 | 0617 | |

| 意味 | ID | 単語を書こう |
|---|---|---|
| 動 休む，休憩する | 0610 | |
| 動 を続ける，続く | 0604 | |
| 動 を共有する，を分け合う | 0611 | |
| 名 目覚まし時計，警報 (器) | 0618 | |
| 動 (予約・注文など) を取り消す，を中止する | 0603 | |
| 動 ほほえむ | 0612 | |
| 動 準備する | 0606 | |
| 名 助言，アドバイス | 0616 | |
| 動 を再生利用する，をリサイクルする | 0609 | |
| 名 橋 | 0620 | |

学習日　　月　　日

| 単語 | 意味 | 1回目 意味を確認してなぞる | 2回目 音声を聞きながら書く | 3回目 発音しながら書く |
|---|---|---|---|---|
| 0641 **juice** [dʒuːs] ヂュース | 名 ジュース | juice | | |
| 0642 **leaf** [liːf] りーふ | 名 葉 | leaf | | |
| 0643 **manager** [mǽnidʒər] マネヂャ | 名 支配人(しはいにん)，管理者，経営者(けいえいしゃ) | manager | | |
| 0644 **meal** [miːl] ミーる | 名 食事 | meal | | |
| 0645 **message** [mésidʒ] メセッヂ | 名 伝言，メッセージ | message | | |
| 0646 **midnight** [mídnait] ミッドナイト | 名 夜中の12時，真夜中 | midnight | | |
| 0647 **novel** [ná(ː)v(ə)l] ナ(ー)ヴ(ェ)る | 名 (長編(ちょうへん)の)小説 | novel | | |
| 0648 **oil** [ɔil] オイる | 名 油 | oil | | |
| 0649 **oven** [ʌ́v(ə)n] アヴン | 名 オーブン | oven | | |
| 0650 **page** [peidʒ] ペイヂ | 名 ページ | page | | |
| 0651 **pancake** [pǽnkeik] パンケイク | 名 パンケーキ | pancake | | |
| 0652 **passenger** [pǽsindʒər] パセンヂャ | 名 乗客 | passenger | | |
| 0653 **peace** [piːs] ピース | 名 平和 | peace | | |

| 単語 | 意味 | 1回目 意味を確認してなぞる | 2回目 音声を聞きながら書く | 3回目 発音しながら書く |
| --- | --- | --- | --- | --- |
| 0654 **planet** [plǽnit] プラネット | 名 惑星 | planet | | |
| 0655 **pocket** [pá(:)kət] パ(ー)ケット | 名 ポケット | pocket | | |
| 0656 **point** [pɔint] ポイント | 名 得点，地点，要点 | point | | |
| 0657 **promise** [prá(:)məs] プラ(ー)ミス | 名 約束 | promise | | |
| 0658 **radio** [réidiou] レイディオウ | 名 ラジオ | radio | | |
| 0659 **scarf** [skɑːrf] スカーふ | 名 スカーフ，マフラー | scarf | | |
| 0660 **scene** [siːn] スィーン | 名 場面 | scene | | |

単語編

でる度 C

0641 ～ 0660

## Unit 32の復習テスト

わからないときは前Unitで確認しましょう。

| 意味 | ID | 単語を書こう |
| --- | --- | --- |
| 名 頭痛 | 0634 | |
| 名 図，図表，人物，数字 | 0628 | |
| 名 英雄，(男性の) 主人公 | 0636 | |
| 名 衣装 | 0624 | |
| 名 手袋，(野球などの) グローブ | 0631 | |
| 名 シェフ，料理長 | 0623 | |
| 名 審査員，審判員 | 0640 | |
| 名 ハンバーガー | 0633 | |
| 名 入り口 | 0627 | |
| 名 島 | 0637 | |

| 意味 | ID | 単語を書こう |
| --- | --- | --- |
| 名 ガイド，案内人 | 0632 | |
| 名 ごみ | 0630 | |
| 名 式，儀式 | 0621 | |
| 名 高さ，身長 | 0635 | |
| 名 ジャズ | 0638 | |
| 名 機会 | 0622 | |
| 名 ジーンズ | 0639 | |
| 名 違い | 0625 | |
| 名 旗 | 0629 | |
| 名 エネルギー | 0626 | |

学習日　　月　　日

| 単語 | 意味 | 1回目 意味を確認してなぞる | 2回目 音声を聞きながら書く | 3回目 発音しながら書く |
|---|---|---|---|---|
| 0661 **sight** [sait] サイト | 名 視力，視界，光景 | sight | | |
| 0662 **stomach** [stʌ́mək] スタマック | 名 腹，胃 | stomach | | |
| 0663 **storm** [stɔːrm] ストーム | 名 嵐，暴風雨 | storm | | |
| 0664 **support** [səpɔ́ːrt] サポート | 名 支援，支持 | support | | |
| 0665 **system** [sístəm] スィステム | 名 制度，系統，体系 | system | | |
| 0666 **telephone** [téləfoun] テれふォウン | 名 電話 | telephone | | |
| 0667 **tie** [tai] タイ | 名 ネクタイ | tie | | |
| 0668 **trouble** [trʌ́bl] トゥラブる | 名 面倒（な状況），悩みごと | trouble | | |
| 0669 **voice** [vɔis] ヴォイス | 名 声 | voice | | |
| 0670 **wish** [wiʃ] ウィッシ | 名 (通例 ～es)（幸福・健康などを）祈願する言葉，願い，望み | wish | | |
| 0671 **broken** [bróuk(ə)n] ブロウクン | 形 折れた，壊れた | broken | | |
| 0672 **comfortable** [kʌ́mfərtəbl] カンふォタブる | 形 快適な，心地よい | comfortable | | |
| 0673 **dangerous** [déindʒ(ə)rəs] デインヂャラス | 形 危険な | dangerous | | |

| 単語 | 意味 | 1回目 意味を確認してなぞる | 2回目 音声を聞きながら書く | 3回目 発音しながら書く |
|---|---|---|---|---|
| 0674 **excellent** [éks(ə)lənt] エクセレント | 形 優れた，優秀な | excellent | | |
| 0675 **familiar** [fəmíljər] ふァミりャ | 形 見慣れた，よく知られた | familiar | | |
| 0676 **helpful** [hélpf(ə)l] へるプふる | 形 役に立つ | helpful | | |
| 0677 **noisy** [nɔ́izi] ノイズィ | 形 騒がしい | noisy | | |
| 0678 **Olympic** [əlímpik] オリンピック | 形 オリンピックの | Olympic | | |
| 0679 **peaceful** [pí:sf(ə)l] ピースふる | 形 穏やかな，平和な | peaceful | | |
| 0680 **powerful** [páuərf(ə)l] パウアふる | 形 強力な | powerful | | |

## Unit 33の復習テスト

わからないときは前Unitで確認しましょう。

| 意味 | ID | 単語を書こう |
|---|---|---|
| 名 オーブン | 0649 | |
| 名 パンケーキ | 0651 | |
| 名 スカーフ，マフラー | 0659 | |
| 名 （長編の）小説 | 0647 | |
| 名 惑星 | 0654 | |
| 名 ページ | 0650 | |
| 名 ジュース | 0641 | |
| 名 支配人，管理者，経営者 | 0643 | |
| 名 油 | 0648 | |
| 名 ラジオ | 0658 | |

| 意味 | ID | 単語を書こう |
|---|---|---|
| 名 ポケット | 0655 | |
| 名 平和 | 0653 | |
| 名 約束 | 0657 | |
| 名 夜中の12時，真夜中 | 0646 | |
| 名 得点，地点，要点 | 0656 | |
| 名 乗客 | 0652 | |
| 名 葉 | 0642 | |
| 名 伝言，メッセージ | 0645 | |
| 名 場面 | 0660 | |
| 名 食事 | 0644 | |

学習日　　月　　日

| 単語 | 意味 | 1回目 意味を確認してなぞる | 2回目 音声を聞きながら書く | 3回目 発音しながら書く |
|---|---|---|---|---|
| 0681 **public** [pʌ́blik] パブリック | 形 公共の，公の | public | | |
| 0682 **quiet** [kwáiət] クワイエット | 形 静かな | quiet | | |
| 0683 **round** [raund] ラウンド | 形 丸い | round | | |
| 0684 **scared** [skeərd] スケアド | 形 おびえた，怖がった | scared | | |
| 0685 **shy** [ʃai] シャイ | 形 恥ずかしがりの，内気な | shy | | |
| 0686 **smart** [smɑːrt] スマート | 形 利口な | smart | | |
| 0687 **thick** [θik] スィック | 形 厚い | thick | | |
| 0688 **traditional** [trədíʃ(ə)n(ə)l] トゥラディショヌる | 形 伝統的な | traditional | | |
| 0689 **upset** [ʌpsét] アップセット | 形 動揺した | upset | | |
| 0690 **wide** [waid] ワイド | 形 (幅が) 広い | wide | | |
| 0691 **cheaply** [tʃíːpli] チープりィ | 副 安く | cheaply | | |
| 0692 **easily** [íːzili] イーズィりィ | 副 簡単に，容易に | easily | | |
| 0693 **safely** [séifli] セイふりィ | 副 安全に，無事に | safely | | |

| 単語 | 意味 | 1回目 意味を確認してなぞる | 2回目 音声を聞きながら書く | 3回目 発音しながら書く |
|---|---|---|---|---|
| 0694 **sincerely** [sinsíərli] スィンスィアリィ | 副 (手紙の結びで)敬具 | sincerely | | |
| 0695 **softly** [sɔ́(:)ftli] ソ(ー)ふトリィ | 副 優しく，柔らかに，穏やかに | softly | | |
| 0696 **straight** [streit] ストゥレイト | 副 まっすぐに | straight | | |
| 0697 **upstairs** [ʌ̀pstéərz] アップステアズ | 副 上の階へ[で] | upstairs | | |
| 0698 **above** [əbʌ́v] アバヴ | 前 ～の上に[の] | above | | |
| 0699 **against** [əgénst] アゲンスト | 前 ～に対抗して，～に反対して | against | | |
| 0700 **among** [əmʌ́ŋ] アマング | 前 (3つ[3人]以上の間で用いて)～の中で[に]，～の間で[に] | among | | |

## Unit 34の復習テスト

わからないときは前Unitで確認しましょう。

| 意味 | ID | 単語を書こう |
|---|---|---|
| 名 (通例 ～es)(幸福・健康などを)祈願する言葉，願い，望み | 0670 | |
| 形 役に立つ | 0676 | |
| 形 穏やかな，平和な | 0679 | |
| 形 見慣れた，よく知られた | 0675 | |
| 名 声 | 0669 | |
| 名 嵐，暴風雨 | 0663 | |
| 名 面倒(な状況)，悩みごと | 0668 | |
| 形 優れた，優秀な | 0674 | |
| 名 支援，支持 | 0664 | |
| 名 視力，視界，光景 | 0661 | |

| 意味 | ID | 単語を書こう |
|---|---|---|
| 形 快適な，心地よい | 0672 | |
| 形 強力な | 0680 | |
| 名 電話 | 0666 | |
| 形 折れた，壊れた | 0671 | |
| 形 オリンピックの | 0678 | |
| 名 ネクタイ | 0667 | |
| 形 危険な | 0673 | |
| 名 腹，胃 | 0662 | |
| 名 制度，系統，体系 | 0665 | |
| 形 騒がしい | 0677 | |

学習日　　月　　日

| 単語 | 意味 | 1回目 意味を確認してなぞる | 2回目 音声を聞きながら書く | 3回目 発音しながら書く |
|---|---|---|---|---|
| 0701 **count** [kaunt] カウント | 動 (を)数える | count | | |
| 0702 **kick** [kik] キック | 動 をける | kick | | |
| 0703 **set** [set] セット | 動 を用意する, を整える, をセットする | set | | |
| 0704 **spread** [spred] スプレッド | 動 を広げる，広がる | spread | | |
| 0705 **surf** [səːrf] サ～ふ | 動 サーフィンをする, (ホームページなど)を見て回る | surf | | |
| 0706 **raise** [reiz] レイズ | 動 を上げる, を育てる | raise | | |
| 0707 **add** [æd] アッド | 動 を加える | add | | |
| 0708 **appear** [əpíər] アピア | 動 現(あらわ)れる | appear | | |
| 0709 **attack** [ətǽk] アタック | 動 を攻撃(こうげき)する | attack | | |
| 0710 **control** [kəntróul] コントゥロウる | 動 を操作(そうさ)する, を支配(しはい)する, を管理する | control | | |
| 0711 **deliver** [dilívər] ディりヴァ | 動 を配達する | deliver | | |
| 0712 **expect** [ikspékt] イクスペクト | 動 を待ち受ける, を予期する | expect | | |
| 0713 **express** [iksprés] イクスプレス | 動 を表現(ひょうげん)する | express | | |

| 単語 | 意味 | 1回目 意味を確認してなぞる | 2回目 音声を聞きながら書く | 3回目 発音しながら書く |
|---|---|---|---|---|
| 0714 **fight** [fait] ふァイト | 動 (と)戦う，けんかする | fight | | |
| 0715 **fit** [fit] ふィット | 動 (に)ぴったり合う | fit | | |
| 0716 **hang** [hæŋ] ハング | 動 を掛ける | hang | | |
| 0717 **jog** [dʒɑ(:)g] ヂャ(ー)ッグ | 動 ジョギングをする | jog | | |
| 0718 **knock** [nɑ(:)k] ナ(ー)ック | 動 ノックする | knock | | |
| 0719 **mix** [miks] ミックス | 動 を混ぜる，混ざる | mix | | |
| 0720 **oversleep** [òuvərslí:p] オウヴァスリープ | 動 寝過ごす | oversleep | | |

## Unit 35の復習テスト

わからないときは前Unitで確認しましょう。

| 意味 | ID | 単語を書こう |
|---|---|---|
| 副 (手紙の結びで)敬具 | 0694 | |
| 副 安く | 0691 | |
| 前 (3つ[3人]以上の間で用いて)～の中で[に]，～の間で[に] | 0700 | |
| 形 動揺した | 0689 | |
| 副 安全に，無事に | 0693 | |
| 形 (幅が)広い | 0690 | |
| 副 上の階へ[で] | 0697 | |
| 副 簡単に，容易に | 0692 | |
| 形 恥ずかしがりの，内気な | 0685 | |
| 形 公共の，公の | 0681 | |

| 意味 | ID | 単語を書こう |
|---|---|---|
| 副 まっすぐに | 0696 | |
| 形 厚い | 0687 | |
| 前 ～に対抗して，～に反対して | 0699 | |
| 副 優しく，柔らかに，穏やかに | 0695 | |
| 形 利口な | 0686 | |
| 形 静かな | 0682 | |
| 前 ～の上に[の] | 0698 | |
| 形 おびえた，怖がった | 0684 | |
| 形 伝統的な | 0688 | |
| 形 丸い | 0683 | |

学習日　　月　　日

| 単語 | 意味 | 1回目 意味を確認してなぞる | 2回目 音声を聞きながら書く | 3回目 発音しながら書く |
|---|---|---|---|---|
| 0721 **record** [rikɔ́:rd] リコード | 動 を録画[録音]する，を記録する | record | | |
| 0722 **repeat** [ripí:t] リピート | 動 (を)繰り返して言う | repeat | | |
| 0723 **seem** [si:m] スィーム | 動 のように見える，のように思われる | seem | | |
| 0724 **shake** [ʃeik] シェイク | 動 を振る，揺れる | shake | | |
| 0725 **shock** [ʃɑ(:)k] シャ(ー)ック | 動 にショック[衝撃]を与える | shock | | |
| 0726 **shout** [ʃaut] シャウト | 動 どなる，叫ぶ | shout | | |
| 0727 **spell** [spel] スペる | 動 をつづる | spell | | |
| 0728 **waste** [weist] ウェイスト | 動 を無駄に使う | waste | | |
| 0729 **wonder** [wʌ́ndər] ワンダァ | 動 …かなと思う | wonder | | |
| 0730 **ballet** [bæléi] バれイ | 名 バレエ | ballet | | |
| 0731 **bit** [bit] ビット | 名 (a ～)少し | bit | | |
| 0732 **carnival** [kɑ́:rniv(ə)l] カーニヴァる | 名 カーニバル，お祭り騒ぎ | carnival | | |
| 0733 **carpenter** [kɑ́:rp(ə)ntər] カーペンタァ | 名 大工 | carpenter | | |

| 単語 | 意味 | 1回目 意味を確認してなぞる | 2回目 音声を聞きながら書く | 3回目 発音しながら書く |
|---|---|---|---|---|
| 0734 **cracker** [krǽkər] クラカァ | 名 クラッカー | cracker | | |
| 0735 **drawing** [drɔ́ːiŋ] ドゥローイング | 名 線画，スケッチ，図面 | drawing | | |
| 0736 **engine** [éndʒin] エンヂン | 名 エンジン | engine | | |
| 0737 **exit** [égzət] エグズィット | 名 出口 | exit | | |
| 0738 **fan** [fæn] ふァン | 名 ファン | fan | | |
| 0739 **flour** [fláuər] ふらウア | 名 小麦粉 | flour | | |
| 0740 **gentleman** [dʒéntlmən] ヂェントゥるマン | 名 紳士，男の方 | gentleman | | |

単語編
でる度 C
0721～0740

## Unit 36の復習テスト

わからないときは前Unitで確認しましょう。

| 意味 | ID | 単語を書こう |
|---|---|---|
| 動 寝過ごす | 0720 | |
| 動 現れる | 0708 | |
| 動 (に)ぴったり合う | 0715 | |
| 動 (を)数える | 0701 | |
| 動 を配達する | 0711 | |
| 動 をける | 0702 | |
| 動 を待ち受ける，を予期する | 0712 | |
| 動 を攻撃する | 0709 | |
| 動 を広げる，広がる | 0704 | |
| 動 を掛ける | 0716 | |

| 意味 | ID | 単語を書こう |
|---|---|---|
| 動 を表現する | 0713 | |
| 動 を用意する，を整える，をセットする | 0703 | |
| 動 (と)戦う，けんかする | 0714 | |
| 動 サーフィンをする，(ホームページなど)を見て回る | 0705 | |
| 動 を混ぜる，混ざる | 0719 | |
| 動 ジョギングをする | 0717 | |
| 動 を操作する，を支配する，を管理する | 0710 | |
| 動 を加える | 0707 | |
| 動 ノックする | 0718 | |
| 動 を上げる，を育てる | 0706 | |

| 単語 | 意味 | 1回目 意味を確認してなぞる | 2回目 音声を聞きながら書く | 3回目 発音しながら書く |
|---|---|---|---|---|
| 0741 **ghost** [goust] ゴウスト | 名 幽霊(ゆうれい) | ghost | | |
| 0742 **guest** [gest] ゲスト | 名 (招(まね)かれた)客 | guest | | |
| 0743 **guy** [gai] ガイ | 名 (~s) みんな，やつ，男 | guy | | |
| 0744 **habit** [hæbit] ハビット | 名 習慣(しゅうかん) | habit | | |
| 0745 **handle** [hændl] ハンドゥる | 名 取っ手，柄(え) | handle | | |
| 0746 **heart** [hɑːrt] ハート | 名 心，心臓(しんぞう) | heart | | |
| 0747 **hockey** [hɑ́(ː)ki] ハ(ー)キィ | 名 ホッケー | hockey | | |
| 0748 **joke** [dʒouk] ヂョウク | 名 冗談(じょうだん) | joke | | |
| 0749 **kilometer** [kəlɑ́(ː)mətər] キら(ー)メタァ | 名 キロメートル | kilometer | | |
| 0750 **knee** [niː] ニー | 名 ひざ | knee | | |
| 0751 **lady** [léidi] れイディ | 名 ご婦人(ふじん)，淑女(しゅくじょ)，女の方 | lady | | |
| 0752 **leader** [líːdər] リーダァ | 名 指導者(しどうしゃ)，リーダー | leader | | |
| 0753 **mall** [mɔːl] モーる | 名 ショッピングセンター［モール］，(車の乗り入れができない)商店街 | mall | | |

| 単語 | 意味 | 1回目 意味を確認してなぞる | 2回目 音声を聞きながら書く | 3回目 発音しながら書く |
|---|---|---|---|---|
| 0754 **marathon** [mǽrəθɑ(:)n] マラさ(ー)ン | 名 マラソン | marathon | | |
| 0755 **meaning** [míːniŋ] ミーニング | 名 意味 | meaning | | |
| 0756 **mouse** [maus] マウス | 名 (ハツカ)ネズミ | mouse | | |
| 0757 **parking** [pάːrkiŋ] パーキング | 名 駐車，駐車できる場所 | parking | | |
| 0758 **photographer** [fətá(:)grəfər] ふォタ(ー)グラふァ | 名 写真家 | photographer | | |
| 0759 **purpose** [pə́ːrpəs] パ～パス | 名 目的 | purpose | | |
| 0760 **radish** [rǽdiʃ] ラディッシ | 名 ハツカダイコン | radish | | |

## Unit 37の復習テスト

わからないときは前Unitで確認しましょう。

| 意味 | ID | 単語を書こう |
|---|---|---|
| 名 小麦粉 | 0739 | |
| 名 クラッカー | 0734 | |
| 動 をつづる | 0727 | |
| 動 (を)繰り返して言う | 0722 | |
| 動 を振る，揺れる | 0724 | |
| 名 エンジン | 0736 | |
| 名 (a ～)少し | 0731 | |
| 名 線画，スケッチ，図面 | 0735 | |
| 動 どなる，叫ぶ | 0726 | |
| 名 出口 | 0737 | |

| 意味 | ID | 単語を書こう |
|---|---|---|
| 動 を録画[録音]する，を記録する | 0721 | |
| 名 ファン | 0738 | |
| 名 カーニバル，お祭り騒ぎ | 0732 | |
| 動 のように見える，のように思われる | 0723 | |
| 動 を無駄に使う | 0728 | |
| 名 バレエ | 0730 | |
| 動 にショック[衝撃]を与える | 0725 | |
| 名 大工 | 0733 | |
| 動 …かなと思う | 0729 | |
| 名 紳士，男の方 | 0740 | |

学習日　　月　　日

| 単語 | 意味 | 1回目 意味を確認してなぞる | 2回目 音声を聞きながら書く | 3回目 発音しながら書く |
|---|---|---|---|---|
| 0761 **reporter** [ripɔ́:rtər] リポータァ | 名 記者，通信員 | reporter | | |
| 0762 **ring** [riŋ] リング | 名 指輪，輪 | ring | | |
| 0763 **sailor** [séilər] セイらァ | 名 船員 | sailor | | |
| 0764 **salesclerk** [séilzklə:rk] セイるズクら～ク | 名 店員，販売員 | salesclerk | | |
| 0765 **service** [sə́:rvəs] サ～ヴィス | 名 サービス，接客，公共事業，業務 | service | | |
| 0766 **shell** [ʃel] シェる | 名 貝がら | shell | | |
| 0767 **snake** [sneik] スネイク | 名 ヘビ | snake | | |
| 0768 **spot** [spɑ(:)t] スパ(ー)ット | 名 場所，地点 | spot | | |
| 0769 **subway** [sʌ́bwei] サブウェイ | 名 (通例 the ~) 地下鉄 | subway | | |
| 0770 **sunglasses** [sʌ́nglæsəz] サングらスィズ | 名 サングラス | sunglasses | | |
| 0771 **surprise** [sərpráiz] サプライズ | 名 (予期しない)驚き，驚くべきこと | surprise | | |
| 0772 **teammate** [tí:mmeit] ティームメイト | 名 チームメイト，チームの仲間 | teammate | | |
| 0773 **television** [téləvìʒ(ə)n] テれヴィジョン | 名 テレビ | television | | |

| 単語 | 意味 | 1回目 意味を確認してなぞる | 2回目 音声を聞きながら書く | 3回目 発音しながら書く |
|---|---|---|---|---|
| 0774 **toilet** [tɔ́ilət] トイレット | 名 トイレ | toilet | | |
| 0775 **track** [træk] トゥラック | 名 (鉄道の)線路, (駅の)～番線 | track | | |
| 0776 **turtle** [tə́ːrtl] ターートゥる | 名 海ガメ | turtle | | |
| 0777 **whale** [(h)weil] (フ)ウェイる | 名 クジラ | whale | | |
| 0778 **wind** [wind] ウィンド | 名 風 | wind | | |
| 0779 **yard** [jɑːrd] ヤード | 名 庭 | yard | | |
| 0780 **army** [ɑ́ːrmi] アーミィ | 名 軍隊, 陸軍 | army | | |

単語編 でる度 C 0761 ～ 0780

## Unit 38の復習テスト

わからないときは前Unitで確認しましょう。

| 意味 | ID | 単語を書こう |
|---|---|---|
| 名 (～s)みんな, やつ, 男 | 0743 | |
| 名 意味 | 0755 | |
| 名 取っ手, 柄 | 0745 | |
| 名 心, 心臓 | 0746 | |
| 名 習慣 | 0744 | |
| 名 (ハツカ)ネズミ | 0756 | |
| 名 指導者, リーダー | 0752 | |
| 名 ハツカダイコン | 0760 | |
| 名 ご婦人, 淑女, 女の方 | 0751 | |
| 名 (招かれた)客 | 0742 | |

| 意味 | ID | 単語を書こう |
|---|---|---|
| 名 ひざ | 0750 | |
| 名 幽霊 | 0741 | |
| 名 ショッピングセンター[モール], (車の乗り入れができない)商店街 | 0753 | |
| 名 キロメートル | 0749 | |
| 名 ホッケー | 0747 | |
| 名 目的 | 0759 | |
| 名 冗談 | 0748 | |
| 名 写真家 | 0758 | |
| 名 マラソン | 0754 | |
| 名 駐車, 駐車できる場所 | 0757 | |

| 単語 | 意味 | 1回目 意味を確認してなぞる | 2回目 音声を聞きながら書く | 3回目 発音しながら書く |
|---|---|---|---|---|
| 0781 **decoration** [dèkəréiʃ(ə)n] デコレイション | 名 飾り，装飾 | decoration | | |
| 0782 **pollution** [pəlú:ʃ(ə)n] ポるーション | 名 汚染，公害 | pollution | | |
| 0783 **amazing** [əméiziŋ] アメイズィング | 形 驚くべき | amazing | | |
| 0784 **British** [brítiʃ] ブリティッシ | 形 イギリスの，イギリス人の | British | | |
| 0785 **correct** [kərékt] コレクト | 形 正しい | correct | | |
| 0786 **dry** [drai] ドゥライ | 形 乾いた | dry | | |
| 0787 **front** [frʌnt] ふラント | 形 正面の，前の | front | | |
| 0788 **lovely** [lʌ́vli] らヴリィ | 形 美しい，かわいらしい | lovely | | |
| 0789 **northern** [nɔ́:rðərn] ノーざン | 形 北の，北部の | northern | | |
| 0790 **real** [rí:əl] リーアる | 形 本当の，現実の | real | | |
| 0791 **solar** [sóulər] ソウらァ | 形 太陽の | solar | | |
| 0792 **strange** [streindʒ] ストゥレインヂ | 形 奇妙な，見知らぬ | strange | | |
| 0793 **weak** [wi:k] ウィーク | 形 弱い | weak | | |

| 単語 | 意味 | 1回目 意味を確認してなぞる | 2回目 音声を聞きながら書く | 3回目 発音しながら書く |
|---|---|---|---|---|
| 0794 **native** [néitiv] ネイティヴ | 形 その土地固有の，生まれた土地の | native | | |
| 0795 **slowly** [slóuli] スろウりィ | 副 ゆっくりと，遅く | slowly | | |
| 0796 **badly** [bǽdli] バッドりィ | 副 悪く，ひどく | badly | | |
| 0797 **online** [ɑ̀(:)nláin] ア(ー)ンらイン | 副 オンラインで，インターネットで | online | | |
| 0798 **along** [əlɔ́(:)ŋ] アろ(ー)ング | 前 ～に沿って | along | | |
| 0799 **everybody** [évribɑ̀(:)di] エヴリバ(ー)ディ | 代 みんな，誰でも | everybody | | |
| 0800 **ourselves** [auərsélvz] アウアセるヴズ | 代 私たち自身（を[に]） | ourselves | | |

## Unit 39の復習テスト

わからないときは前Unitで確認しましょう。

| 意味 | ID | 単語を書こう |
|---|---|---|
| 名 サングラス | 0770 | |
| 名 （通例 the ～）地下鉄 | 0769 | |
| 名 チームメイト，チームの仲間 | 0772 | |
| 名 トイレ | 0774 | |
| 名 風 | 0778 | |
| 名 軍隊，陸軍 | 0780 | |
| 名 店員，販売員 | 0764 | |
| 名 庭 | 0779 | |
| 名 ヘビ | 0767 | |
| 名 記者，通信員 | 0761 | |

| 意味 | ID | 単語を書こう |
|---|---|---|
| 名 船員 | 0763 | |
| 名 場所，地点 | 0768 | |
| 名 （鉄道の）線路，（駅の）～番線 | 0775 | |
| 名 指輪，輪 | 0762 | |
| 名 貝がら | 0766 | |
| 名 海ガメ | 0776 | |
| 名 テレビ | 0773 | |
| 名 クジラ | 0777 | |
| 名 （予期しない）驚き，驚くべきこと | 0771 | |
| 名 サービス，接客，公共事業，業務 | 0765 | |

学習日　　月　　日

| 単語 | 意味 | 1回目 意味を確認してなぞる | 2回目 音声を聞きながら書く | 3回目 発音しながら書く |
|---|---|---|---|---|
| 0801 **act** [ǽkt] アクト | 動 (を)演じる，行動する | act | | |
| 0802 **cause** [kɔ:z] コーズ | 動 を引き起こす，の原因となる | cause | | |
| 0803 **destroy** [distrɔ́i] ディストゥロイ | 動 を破壊する | destroy | | |
| 0804 **disappear** [dìsəpíər] ディサピア | 動 姿を消す，見えなくなる，消える | disappear | | |
| 0805 **discover** [diskʌ́vər] ディスカヴァ | 動 を発見する | discover | | |
| 0806 **escape** [iskéip] イスケイプ | 動 逃げる | escape | | |
| 0807 **exercise** [éksərsaiz] エクササイズ | 動 運動する | exercise | | |
| 0808 **fail** [feil] ふェイる | 動 (試験)に落ちる，失敗する | fail | | |
| 0809 **feed** [fi:d] ふィード | 動 にえさ［食べ物］を与える | feed | | |
| 0810 **hide** [haid] ハイド | 動 隠れる，を隠す | hide | | |
| 0811 **lay** [lei] れイ | 動 (卵)を産む，を横たえる | lay | | |
| 0812 **lead** [li:d] リード | 動 を率いる，を導く | lead | | |
| 0813 **offer** [ɔ́(:)fər] オ(ー)ふァ | 動 を申し出る，を差し出す | offer | | |

| 単語 | 意味 | 1回目<br>意味を確認してなぞる | 2回目<br>音声を聞きながら書く | 3回目<br>発音しながら書く |
|---|---|---|---|---|
| 0814<br>**produce**<br>[prədú:s]<br>プロドゥース | 動 を生産する | produce | | |
| 0815<br>**realize**<br>[rí(:)əlaiz]<br>リ(ー)アらイズ | 動 と気づく | realize | | |
| 0816<br>**shine**<br>[ʃain]<br>シャイン | 動 輝く | shine | | |
| 0817<br>**smoke**<br>[smouk]<br>スモウク | 動 タバコを吸う | smoke | | |
| 0818<br>**solve**<br>[sɑ(:)lv]<br>サ(ー)るヴ | 動 を解決する，を解く | solve | | |
| 0819<br>**survive**<br>[sərváiv]<br>サヴァイヴ | 動 (を)生き残る | survive | | |
| 0820<br>**adventure**<br>[ədvéntʃər]<br>アドヴェンチャ | 名 冒険 | adventure | | |

## Unit 40の復習テスト

わからないときは前Unitで確認しましょう。

| 意味 | ID | 単語を書こう |
|---|---|---|
| 形 本当の，現実の | 0790 | |
| 前 ～に沿って | 0798 | |
| 形 乾いた | 0786 | |
| 副 悪く，ひどく | 0796 | |
| 形 イギリスの，イギリス人の | 0784 | |
| 形 北の，北部の | 0789 | |
| 副 ゆっくりと，遅く | 0795 | |
| 形 美しい，かわいらしい | 0788 | |
| 形 その土地固有の，生まれた土地の | 0794 | |
| 名 汚染，公害 | 0782 | |

| 意味 | ID | 単語を書こう |
|---|---|---|
| 形 正面の，前の | 0787 | |
| 代 みんな，誰でも | 0799 | |
| 形 驚くべき | 0783 | |
| 形 太陽の | 0791 | |
| 形 弱い | 0793 | |
| 名 飾り，装飾 | 0781 | |
| 代 私たち自身(を[に]) | 0800 | |
| 形 奇妙な，見知らぬ | 0792 | |
| 副 オンラインで，インターネットで | 0797 | |
| 形 正しい | 0785 | |

学習日　　月　　日

| 単語 | 意味 | 1回目 意味を確認してなぞる | 2回目 音声を聞きながら書く | 3回目 発音しながら書く |
| --- | --- | --- | --- | --- |
| 0821 **age** [eidʒ] エイヂ | 名 年齢(ねんれい) | age | | |
| 0822 **arm** [ɑːrm] アーム | 名 腕(うで) | arm | | |
| 0823 **athlete** [ǽθliːt] アすリート | 名 運動選手 | athlete | | |
| 0824 **bottom** [bɑ́(ː)təm] バ(ー)トム | 名 底，下部 | bottom | | |
| 0825 **castle** [kǽsl] キャスる | 名 城 | castle | | |
| 0826 **ceiling** [síːliŋ] スィーリング | 名 天井(てんじょう) | ceiling | | |
| 0827 **closet** [klɑ́(ː)zət] クら(ー)ゼット | 名 クローゼット，押入(おしい)れ | closet | | |
| 0828 **corner** [kɔ́ːrnər] コーナァ | 名 角 | corner | | |
| 0829 **course** [kɔːrs] コース | 名 講座(こうざ)，コース，進路 | course | | |
| 0830 **custom** [kʌ́stəm] カスタム | 名 慣習(かんしゅう) | custom | | |
| 0831 **department store** [dipɑ́ːrtmənt stɔːr] ディパートメント ストー | 名 デパート，百貨店 | department store | | |
| 0832 **director** [dəréktər] ディレクタァ | 名 (映画(えいが)などの)監督(かんとく)，指導者(しどうしゃ) | director | | |
| 0833 **discount** [dískaunt] ディスカウント | 名 割引(わりび)き | discount | | |

| 単語 | 意味 | 1回目 意味を確認してなぞる | 2回目 音声を聞きながら書く | 3回目 発音しながら書く |
| --- | --- | --- | --- | --- |
| 0834 **doghouse** [dɔ́(:)ghaus] ド(ー)グハウス | 名 犬小屋 | doghouse | | |
| 0835 **drugstore** [drʌ́gstɔːr] ドゥラグストー | 名 ドラッグストア，薬局 | drugstore | | |
| 0836 **ear** [iər] イア | 名 耳 | ear | | |
| 0837 **examination** [igzæ̀minéiʃ(ə)n] イグザミネイション | 名 試験 | examination | | |
| 0838 **factory** [fǽkt(ə)ri] ふァクトリィ | 名 工場 | factory | | |
| 0839 **fair** [feər] ふェア | 名 見本市，品評会 | fair | | |
| 0840 **fire** [fáiər] ふァイア | 名 火事，火 | fire | | |

単語編

でる度 C

0821 ～ 0840

## Unit 41の復習テスト

わからないときは前Unitで確認しましょう。

| 意味 | ID | 単語を書こう |
| --- | --- | --- |
| 動 を生産する | 0814 | |
| 動 姿を消す，見えなくなる，消える | 0804 | |
| 動 (を)生き残る | 0819 | |
| 動 (試験)に落ちる，失敗する | 0808 | |
| 動 を破壊する | 0803 | |
| 動 輝く | 0816 | |
| 動 を申し出る，を差し出す | 0813 | |
| 動 を解決する，を解く | 0818 | |
| 動 を率いる，を導く | 0812 | |
| 動 にえさ[食べ物]を与える | 0809 | |

| 意味 | ID | 単語を書こう |
| --- | --- | --- |
| 動 タバコを吸う | 0817 | |
| 動 を発見する | 0805 | |
| 動 (卵)を産む，を横たえる | 0811 | |
| 動 運動する | 0807 | |
| 動 を引き起こす，の原因となる | 0802 | |
| 名 冒険 | 0820 | |
| 動 隠れる，を隠す | 0810 | |
| 動 (を)演じる，行動する | 0801 | |
| 動 逃げる | 0806 | |
| 動 と気づく | 0815 | |

学習日　　月　　日

| 単語 | 意味 | 1回目 意味を確認してなぞる | 2回目 音声を聞きながら書く | 3回目 発音しながら書く |
|---|---|---|---|---|
| 0841 **furniture** [fə́:rnitʃər] ふァ～ニチャ | 名 家具 | furniture | | |
| 0842 **god** [ɡɑ(:)d] ガ(ー)ッド | 名 神 | god | | |
| 0843 **government** [ɡʌ́vər(n)mənt] ガヴァ(ン)メント | 名 政府 | government | | |
| 0844 **grass** [ɡræs] グラス | 名 草，芝生 | grass | | |
| 0845 **hallway** [hɔ́:lwei] ホーるウェイ | 名 (屋内の)通路，廊下，玄関 | hallway | | |
| 0846 **host** [houst] ホウスト | 名 受け入れ側，(客をもてなす)主人 | host | | |
| 0847 **hurricane** [hə́:rəkein] ハ～リケイン | 名 ハリケーン | hurricane | | |
| 0848 **instrument** [ínstrəmənt] インストゥルメント | 名 楽器，(精密な)器械 | instrument | | |
| 0849 **land** [lænd] らンド | 名 陸，土地 | land | | |
| 0850 **list** [list] りスト | 名 リスト，表 | list | | |
| 0851 **medicine** [méds(ə)n] メドゥス(ィ)ン | 名 薬 | medicine | | |
| 0852 **neighbor** [néibər] ネイバァ | 名 近所の人 | neighbor | | |
| 0853 **noise** [nɔiz] ノイズ | 名 物音，騒音 | noise | | |

| 単語 | 意味 | 1回目 意味を確認してなぞる | 2回目 音声を聞きながら書く | 3回目 発音しながら書く |
|---|---|---|---|---|
| 0854 **opinion** [əpínjən] オピニョン | 名 意見 | opinion | | |
| 0855 **safety** [séifti] セイふティ | 名 安全 | safety | | |
| 0856 **science fiction** [sàiəns fíkʃ(ə)n] サイエンス ふィクション | 名 SF，空想科学小説 | science fiction | | |
| 0857 **scissors** [sízərz] スィザズ | 名 はさみ | scissors | | |
| 0858 **secret** [síːkrət] スィークレット | 名 秘密 | secret | | |
| 0859 **section** [sékʃ(ə)n] セクション | 名 (売り場などの)コーナー，一部分，区分，部門 | section | | |
| 0860 **sentence** [sént(ə)ns] センテンス | 名 文 | sentence | | |

単語編

でる度 C

0841 ～ 0860

## Unit 42の復習テスト

わからないときは前Unitで確認しましょう。

| 意味 | ID | 単語を書こう |
|---|---|---|
| 名 慣習 | 0830 | |
| 名 見本市，品評会 | 0839 | |
| 名 底，下部 | 0824 | |
| 名 火事，火 | 0840 | |
| 名 犬小屋 | 0834 | |
| 名 講座，コース，進路 | 0829 | |
| 名 年齢 | 0821 | |
| 名 運動選手 | 0823 | |
| 名 工場 | 0838 | |
| 名 割引き | 0833 | |

| 意味 | ID | 単語を書こう |
|---|---|---|
| 名 腕 | 0822 | |
| 名 (映画などの)監督，指導者 | 0832 | |
| 名 角 | 0828 | |
| 名 城 | 0825 | |
| 名 デパート，百貨店 | 0831 | |
| 名 耳 | 0836 | |
| 名 天井 | 0826 | |
| 名 ドラッグストア，薬局 | 0835 | |
| 名 試験 | 0837 | |
| 名 クローゼット，押入れ | 0827 | |

学習日　　月　　日

| 単語 | 意味 | 1回目 意味を確認してなぞる | 2回目 音声を聞きながら書く | 3回目 発音しながら書く |
| --- | --- | --- | --- | --- |
| 0861 **stamp** [stæmp] スタンプ | 名 切手 | stamp | | |
| 0862 **state** [steit] ステイト | 名 (ときに S-) (アメリカなどの) 州, 国家 | state | | |
| 0863 **tool** [tu:l] トゥーる | 名 (手で使う) 道具 | tool | | |
| 0864 **trick** [trik] トゥリック | 名 芸当, いたずら | trick | | |
| 0865 **typhoon** [taifú:n] タイふーン | 名 台風 | typhoon | | |
| 0866 **view** [vju:] ヴュー | 名 ながめ, 景色 | view | | |
| 0867 **village** [vílidʒ] ヴィれッヂ | 名 村 | village | | |
| 0868 **wood** [wud] ウッド | 名 木材, (しばしば the ～s) 森 | wood | | |
| 0869 **damage** [dǽmidʒ] ダメッヂ | 名 被害, 損害 | damage | | |
| 0870 **enemy** [énəmi] エネミィ | 名 敵 | enemy | | |
| 0871 **importance** [impɔ́:rt(ə)ns] インポータンス | 名 重要性 | importance | | |
| 0872 **resort** [rizɔ́:rt] リゾート | 名 行楽地 | resort | | |
| 0873 **skill** [skil] スキる | 名 技能, 技術 | skill | | |

| 単語 | 意味 | 1回目 意味を確認してなぞる | 2回目 音声を聞きながら書く | 3回目 発音しながら書く |
|---|---|---|---|---|
| 0874 **speed** [spiːd] スピード | 名 速度，スピード | speed | | |
| 0875 **asleep** [əslíːp] アスリープ | 形 眠って，眠りこんで | asleep | | |
| 0876 **common** [kɑ́(ː)mən] カ(ー)モン | 形 よくある，共通の | common | | |
| 0877 **daily** [déili] デイリィ | 形 日常の，毎日の | daily | | |
| 0878 **female** [fíːmeil] ふィーメイる | 形 雌の，女性の | female | | |
| 0879 **friendly** [fréndli] ふレンドリィ | 形 親しみやすい，親切な | friendly | | |
| 0880 **homesick** [hóumsik] ホウムスィック | 形 ホームシックの，故郷［家］を恋しがる | homesick | | |

## Unit 43の復習テスト

わからないときは前Unitで確認しましょう。

| 意味 | ID | 単語を書こう |
|---|---|---|
| 名 リスト，表 | 0850 | |
| 名 SF，空想科学小説 | 0856 | |
| 名 物音，騒音 | 0853 | |
| 名 楽器，（精密な）器械 | 0848 | |
| 名 家具 | 0841 | |
| 名 意見 | 0854 | |
| 名 はさみ | 0857 | |
| 名 神 | 0842 | |
| 名 文 | 0860 | |
| 名 草，芝生 | 0844 | |

| 意味 | ID | 単語を書こう |
|---|---|---|
| 名 近所の人 | 0852 | |
| 名 安全 | 0855 | |
| 名 政府 | 0843 | |
| 名 陸，土地 | 0849 | |
| 名 受け入れ側，（客をもてなす）主人 | 0846 | |
| 名 （売り場などの）コーナー，一部分，区分，部門 | 0859 | |
| 名 秘密 | 0858 | |
| 名 薬 | 0851 | |
| 名 ハリケーン | 0847 | |
| 名 （屋内の）通路，廊下，玄関 | 0845 | |

学習日　　月　　日

| 単語 | 意味 | 1回目 意味を確認してなぞる | 2回目 音声を聞きながら書く | 3回目 発音しながら書く |
|---|---|---|---|---|
| 0881 **human** [hjú:mən] ヒューマン | 形 人間の | human | | |
| 0882 **latest** [léitist] れイテスト | 形 (late の最上級の1つ) 最新の | latest | | |
| 0883 **lonely** [lóunli] ろウンりィ | 形 ひとりぼっちの, さびしい | lonely | | |
| 0884 **natural** [nætʃ(ə)r(ə)l] ナチ(ュ)ラる | 形 自然の | natural | | |
| 0885 **necessary** [nésəseri] ネセセリィ | 形 必要な | necessary | | |
| 0886 **useful** [jú:sf(ə)l] ユースふる | 形 役に立つ | useful | | |
| 0887 **wild** [waild] ワイるド | 形 野生の | wild | | |
| 0888 **alive** [əláiv] アらイヴ | 形 生きている | alive | | |
| 0889 **huge** [hju:dʒ] ヒューヂ | 形 巨大(きょだい)な | huge | | |
| 0890 **low** [lou] ろウ | 形 低い | low | | |
| 0891 **male** [meil] メイる | 形 雄(おす)の, 男性(だんせい)の | male | | |
| 0892 **polite** [pəláit] ポらイト | 形 礼儀(れいぎ)正しい | polite | | |
| 0893 **serious** [sí(ə)riəs] スィ(ア)リアス | 形 重大な, まじめな | serious | | |

| 単語 | 意味 | 1回目 意味を確認してなぞる | 2回目 音声を聞きながら書く | 3回目 発音しながら書く |
|---|---|---|---|---|
| 0894 **southern** [sʌ́ðərn] サざン | 形 南の，南部の | southern | | |
| 0895 **especially** [ispéʃ(ə)li] イスペシャりィ | 副 特に | especially | | |
| 0896 **somewhere** [sʌ́m(h)weər] サム(フ)ウェア | 副 (通例肯定文で) どこかに[へ] | somewhere | | |
| 0897 **suddenly** [sʌ́d(ə)nli] サドゥンりィ | 副 突然 | suddenly | | |
| 0898 **toward** [tɔːrd] トード | 前 ～の方へ，～に向かって | toward | | |
| 0899 **although** [ɔːlðóu] オーるぞウ | 接 …だけれども | although | | |
| 0900 **nothing** [nʌ́θiŋ] ナッすィング | 代 何も～ない | nothing | | |

単語編
でる度 C
0881～0900

## Unit 44の復習テスト

わからないときは前Unitで確認しましょう。

| 意味 | ID | 単語を書こう |
|---|---|---|
| 名 木材，(しばしば the ～s) 森 | 0868 | |
| 名 技能，技術 | 0873 | |
| 形 日常の，毎日の | 0877 | |
| 名 敵 | 0870 | |
| 名 (手で使う) 道具 | 0863 | |
| 名 行楽地 | 0872 | |
| 名 芸当，いたずら | 0864 | |
| 形 親しみやすい，親切な | 0879 | |
| 名 重要性 | 0871 | |
| 名 台風 | 0865 | |

| 意味 | ID | 単語を書こう |
|---|---|---|
| 名 (ときに S-) (アメリカなどの) 州，国家 | 0862 | |
| 形 ホームシックの，故郷[家]を恋しがる | 0880 | |
| 形 雌の，女性の | 0878 | |
| 名 切手 | 0861 | |
| 名 速度，スピード | 0874 | |
| 名 ながめ，景色 | 0866 | |
| 形 よくある，共通の | 0876 | |
| 名 村 | 0867 | |
| 形 眠って，眠りこんで | 0875 | |
| 名 被害，損害 | 0869 | |

## Unit 45の復習テスト　わからないときは前Unitで確認しましょう。

| 意味 | ID | 単語を書こう |
|---|---|---|
| [形] 低い | 0890 | |
| [形] 雄の，男性の | 0891 | |
| [形] 重大な，まじめな | 0893 | |
| [代] 何も～ない | 0900 | |
| [形] 礼儀正しい | 0892 | |
| [形] (late の最上級の1つ) 最新の | 0882 | |
| [形] 巨大な | 0889 | |
| [副] (通例肯定文で) どこかに [へ] | 0896 | |
| [形] 役に立つ | 0886 | |
| [形] ひとりぼっちの，さびしい | 0883 | |

| 意味 | ID | 単語を書こう |
|---|---|---|
| [形] 野生の | 0887 | |
| [形] 人間の | 0881 | |
| [形] 生きている | 0888 | |
| [接] …だけれども | 0899 | |
| [形] 自然の | 0884 | |
| [副] 突然 | 0897 | |
| [副] 特に | 0895 | |
| [形] 必要な | 0885 | |
| [前] ～の方へ，～に向かって | 0898 | |
| [形] 南の，南部の | 0894 | |

# 熟語編

でる度 A よくでる重要熟語 200

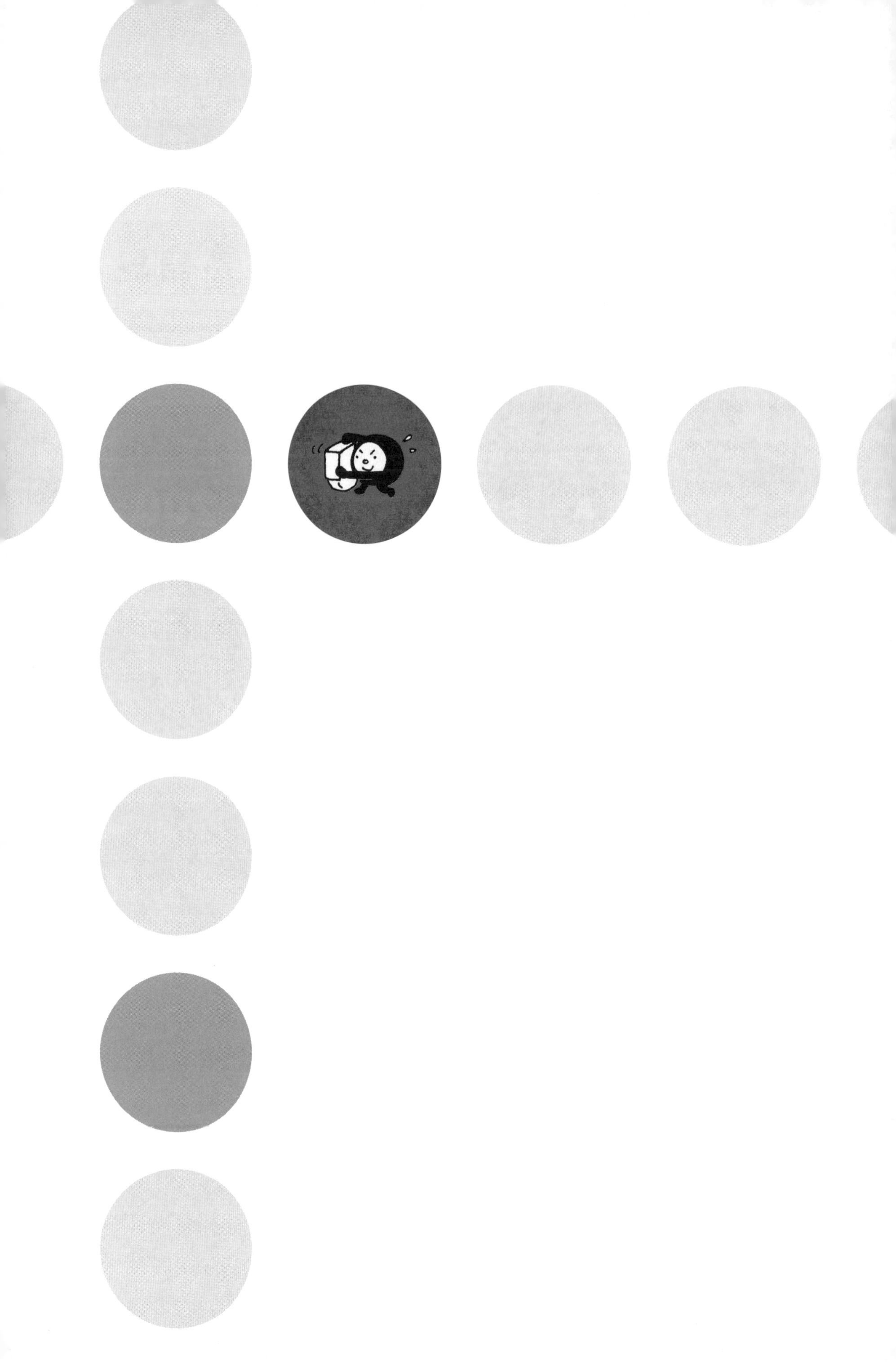

学習日　　月　　日

| 熟語 | 1回目 | 2回目 | 意味 |
|---|---|---|---|
| 0901 want to *do* | | | ～したい(と思う) |
| 0902 like to *do* | | | ～するのが好きである |
| 0903 have to *do* | | | ～しなければならない |
| 0904 like *doing* | | | ～するのが好きである |
| 0905 enjoy *doing* | | | ～するのを楽しむ |
| 0906 look forward to *doing* | | | ～するのを楽しみに待つ |
| 0907 need to *do* | | | ～する必要がある |
| 0908 take *A* to *B* | | | AをBに連れていく，AをBに持っていく |
| 0909 how long ～ | | | どれくらいの時間[期間，長さ]～ |
| 0910 want *A* to *do* | | | Aに～してほしい(と思う) |
| 0911 be good at ～ | | | ～がじょうず[得意(とくい)]である |
| 0912 go out (for ～) | | | (～に)出かける |
| 0913 start *doing* | | | ～し始める |
| 0914 after school | | | 放課後に |
| 0915 go and *do* | | | ～しに行く |
| 0916 grow up (in ～) | | | (～で)成長する，(～で)大人になる |
| 0917 this morning | | | 今朝 |
| 0918 be popular with *A* | | | Aに人気がある |
| 0919 a lot of ～ | | | たくさんの～ |
| 0920 be able to *do* | | | ～することができる |

学習日　　月　　日

| 熟語 | 1回目 | 2回目 | 意味 |
|---|---|---|---|
| 0921 from *A* to *B* | | | AからBまで |
| 0922 a little | | | 少し |
| 0923 be late for ～ | | | ～に遅刻する［遅れる］ |
| 0924 how to *do* | | | ～の仕方，～する方法 |
| 0925 look for ～ | | | ～を探す |
| 0926 a few ～ | | | 少数の～，2，3の～ |
| 0927 ask *A* to *do* | | | Aに～するように頼む |
| 0928 be ready for ～ | | | ～の準備ができている |
| 0929 move to ～ | | | ～に引っ越す |
| 0930 decide to *do* | | | ～することに決める |
| 0931 in front of ～ | | | ～の前で［に］ |
| 0932 one of ～ | | | ～の1人［1つ］ |
| 0933 plan to *do* | | | ～するつもりである |
| 0934 ～ year(s) old | | | ～歳 |
| 0935 help *A* with *B* | | | AのBを手伝う |
| 0936 by *oneself* | | | 1人で，独力で |
| 0937 forget to *do* | | | ～するのを忘れる |
| 0938 in the morning | | | 午前(中)に |
| 0939 take part in ～ | | | ～に参加する |
| 0940 worry about ～ | | | ～のことを心配する |

## Unit 46の復習(ふくしゅう)テスト　わからないときは前Unitで確認しましょう。

| 例文 | 訳 |
|---|---|
| 0911 My uncle (　　　) (　　　) (　　　) playing soccer. | 私のおじはサッカーをするのがじょうずです。 |
| 0915 I have a stomachache. Could you (　　　) (　　　) (　　　) some medicine for me? | 私はおなかが痛いです。私のために薬を取りに行っていただけますか。 |
| 0909 (　　　) (　　　) is the show? | 上映時間はどれくらいですか。 |
| 0914 I always go straight home (　　　) (　　　). | 私はいつも放課後にまっすぐ帰宅します。 |
| 0918 In that country, ice hockey (　　　) (　　　) (　　　) many people. | その国では，アイスホッケーはたくさんの人に人気があります。 |
| 0908 Dad (　　　) me (　　　) the baseball game. | お父さんは私をその野球の試合に連れていってくれました。 |
| 0904 Those boys (　　　) (　　　) basketball very much. | その男の子たちはバスケットボールをするのがとても好きです。 |
| 0910 My father (　　　) me (　　　) (　　　) a doctor. | 父は私に医師になってほしいと思っています。 |
| 0912 It's a beautiful day. Why don't we (　　　) (　　　) (　　　) lunch? | いい天気ですね。昼食に出かけませんか。 |
| 0920 They made a robot that (　　　) (　　　) (　　　) (　　　). | 彼らは歩くことができるロボットを作りました。 |
| 0901 The girl (　　　) (　　　) (　　　) a new bike. | その女の子は新しい自転車を買いたいと思っています。 |
| 0919 I have (　　　) (　　　) (　　　) things to do today. | 今日はすることがたくさんあります。 |
| 0913 She (　　　) (　　　) English when she was ten. | 彼女は10歳のときに英語を学び始めました。 |
| 0903 I (　　　) (　　　) (　　　) this report by next Monday. | 私はこの報告書を次の月曜日までに完成させなければなりません。 |
| 0906 I'm (　　　) (　　　) (　　　) (　　　) you again. | またあなたに会えるのを楽しみに待っています。 |
| 0917 It was raining (　　　) (　　　), but it's sunny now. | 今朝は雨が降っていましたが，今は晴れています。 |
| 0902 She (　　　) (　　　) (　　　) shopping with her friends. | 彼女は友だちと買い物に行くのが好きです。 |
| 0905 They (　　　) (　　　) a volleyball game on TV. | 彼らはテレビでバレーボールの試合を見るのを楽しみました。 |
| 0907 We (　　　) (　　　) (　　　) someone who can speak French. | 私たちはフランス語が話せる人を見つける必要があります。 |
| 0916 He was born in Australia, but (　　　) (　　　) (　　　) Japan. | 彼はオーストラリアで生まれましたが，日本で育ちました。 |

熟語編　でる度A　0921 ～ 0940

**解答** 0911 is good at　0915 go and get　0909 How long　0914 after school　0918 is popular with　0908 took, to　0904 like playing　0910 wants, to become　0912 go out for　0920 is able to walk　0901 wants to get　0919 a lot of　0913 started learning　0903 have to finish　0906 looking forward to seeing　0917 this morning　0902 likes to go　0905 enjoyed watching　0907 need to find　0916 grew up in

学習日　月　日

| 熟語 | 1回目 | 2回目 | 意味 |
|---|---|---|---|
| 0941 go home | | | 家に帰る |
| 0942 how often ~ | | | どれくらいの頻度で～ |
| 0943 listen to ~ | | | ～を聞く |
| 0944 make *A* of *B* | | | AをBで作る |
| 0945 stay home | | | 家にいる |
| 0946 tell *A* to *do* | | | Aに～するように言う |
| 0947 each other | | | お互い |
| 0948 far away | | | 遠くに |
| 0949 get off (~) | | | (乗り物から)降りる |
| 0950 get up | | | 起きる |
| 0951 have lunch | | | 昼食をとる |
| 0952 more than ~ | | | ～を超える，～より多い |
| 0953 pay (*A*) for *B* | | | Bのために(Aを)支払う |
| 0954 run away | | | 逃げる，走り去る |
| 0955 try on ~ | | | ～を試着する |
| 0956 turn off ~ | | | (電気など)を消す，(ガス・水道など)を止める |
| 0957 wait for ~ | | | ～を待つ |
| 0958 because of ~ | | | ～のために |
| 0959 do well (on ~) | | | (～で)うまくいく，(～で)よい結果を出す |
| 0960 one day | | | いつか，ある日 |

## Unit 47の復習（ふくしゅう）テスト　わからないときは前Unitで確認しましょう。

| 例文 | 訳 |
|---|---|
| 0925 We are (　　) (　　) people who can do volunteer work. | 私たちはボランティアの仕事ができる人**を探して**います。 |
| 0939 My classmate is going to (　　) (　　) (　　) the speech contest next month. | 私のクラスメートは来月スピーチコンテスト**に参加する**予定です。 |
| 0932 They have three children. (　　) (　　) them is a college student. | 彼らには３人の子どもがいます。そのうち**の１人**は大学生です。 |
| 0938 I studied at the library (　　) (　　) (　　). | 私は**午前中に**図書館で勉強しました。 |
| 0931 Let's meet (　　) (　　) (　　) the department store at noon. | 正午にデパート**の前で**会いましょう。 |
| 0928 He (　　) (　　) (　　) tomorrow's science test. | 彼は明日の理科のテスト**の準備ができています**。 |
| 0930 My older brother (　　) (　　) (　　) a used car made in Germany. | 私の兄はドイツ製の中古車**を買うことに決めました**。 |
| 0934 I visited China when I was twelve (　　) (　　). | 私は12**歳**のときに中国を訪れました。 |
| 0937 Don't (　　) (　　) (　　) her a letter. | 彼女に手紙**を送るのを忘れ**てはいけません。 |
| 0927 My friend (　　) me (　　) (　　) something to drink to the picnic. | 友だちは私**に**ピクニックに何か飲み物**を持ってくるように頼みました**。 |
| 0940 I can do it myself, so don't (　　) (　　) me. | 私は自分でそれをできるから，私**のことを心配し**ないでね。 |
| 0922 It was warm yesterday, but it is (　　) (　　) cold this morning. | 昨日は暖かかったけれど，今朝は**少し**寒いです。 |
| 0924 My grandmother taught me (　　) (　　) (　　) an apple pie. | 祖母は私にアップルパイ**の作り方**を教えてくれました。 |
| 0926 I saw him at the gym (　　) (　　) minutes ago. | 私は**数**分前に彼を体育館で見かけました。 |
| 0935 He often (　　) his father (　　) his work. | 彼はよく父親**の**仕事**を手伝います**。 |
| 0929 The family (　　) (　　) a new house near a lake last month. | その家族は先月，湖の近くの新しい家**に引っ越しました**。 |
| 0921 She goes to swimming school (　　) Mondays (　　) Thursdays. | 彼女は毎週月曜日**から**木曜日**まで**スイミングスクールに通っています。 |
| 0933 I'm (　　) (　　) (　　) cooking lessons during summer vacation. | 私は夏休みの間，料理のレッスン**を受けるつもりです**。 |
| 0923 I forgot to set my alarm clock last night, so I (　　) (　　) (　　) school. | 昨夜，私は目覚まし時計をセットし忘れたので，学校**に遅刻しました**。 |
| 0936 My grandfather lives (　　) (　　) in a small apartment. | 私の祖父は小さなアパートで**１人で**暮らしています。 |

**解答** 0925 looking for　0939 take part in　0932 One of　0938 in the morning　0931 in front of　0928 is ready for　0930 decided to buy　0934 years old　0937 forget to send　0927 asked, to bring　0940 worry about　0922 a little　0924 how to make　0926 a few　0935 helps, with　0929 moved to　0921 from, to　0933 planning to take　0923 was late for　0936 by himself

学習日　　月　　日

| 熟語 | 1回目 | 2回目 | 意味 |
|---|---|---|---|
| 0961 too *A* to *do* | | | とてもA(形容詞・副詞)なので～できない |
| 0962 all over the world | | | 世界中(で) |
| 0963 arrive in ～ | | | ～に着く，～に到着する |
| 0964 at first | | | 最初は |
| 0965 be afraid of ～ | | | ～を恐れる，～を怖がる |
| 0966 be sick in bed | | | 病気で寝ている |
| 0967 get home | | | 帰宅する |
| 0968 invite *A* to *B* | | | AをBに招待する |
| 0969 lots of ～ | | | たくさんの～ |
| 0970 on business | | | 仕事で |
| 0971 stay at ～ | | | (場所)に泊まる |
| 0972 want to be ～ | | | ～になりたい(と思う) |
| 0973 all day (long) | | | 1日中 |
| 0974 both *A* and *B* | | | AもBも両方とも |
| 0975 look like ～ | | | ～に似ている，～のように見える |
| 0976 put on ～ | | | ～を着る，～を身につける |
| 0977 speak to ～ | | | ～に話しかける |
| 0978 stay in ～ | | | (場所)に滞在する[泊まる] |
| 0979 ～ than any other *A* | | | 他のどのA(単数名詞)よりも～(比較級) |
| 0980 travel to ～ | | | ～に行く，～へ旅行する |

## Unit 48の復習テスト　わからないときは前Unitで確認しましょう。

| 例文 | 訳 |
|---|---|
| 0947 We've known (　　　) (　　　) since we were small. | 私たちは幼いころからお互いを知っています。 |
| 0944 We bought two chairs that were (　　　) (　　　) wood. | 私たちは木で作られたいすを2脚買いました。 |
| 0960 He wants to travel in Europe (　　　) (　　　). | 彼はいつかヨーロッパを旅行したいと思っています。 |
| 0956 Please (　　　) (　　　) the light when you leave the room. | 部屋を出るときは明かりを消してください。 |
| 0951 We (　　　) (　　　) at an Italian restaurant near the museum. | 私たちは博物館の近くのイタリア料理店で昼食をとりました。 |
| 0945 If it rains tomorrow, I'll (　　　) (　　　) and watch TV. | 明日雨が降ったら，私は家にいてテレビを見ます。 |
| 0941 Children, it's time to (　　　) (　　　). | 子どもたち，家に帰る時間ですよ。 |
| 0958 We didn't go to see the soccer game (　　　) (　　　) the bad weather. | 私たちは悪天候のためにそのサッカーの試合を見に行きませんでした。 |
| 0954 The news says that a monkey (　　　) (　　　) from the zoo. | ニュースによると，1匹のサルが動物園から逃げました。 |
| 0959 I hope I'll (　　　) (　　　) (　　　) the English test. | 英語のテストでうまくいくといいな。 |
| 0943 She is (　　　) (　　　) music in her room. | 彼女は自分の部屋で音楽を聞いています。 |
| 0953 The woman (　　　) fifty dollars (　　　) dinner last night. | その女性は昨夜，夕食のために50ドルを支払いました。 |
| 0950 I (　　　) (　　　) early every morning to go jogging. | 私はジョギングに行くために毎朝早く起きます。 |
| 0952 There were (　　　) (　　　) a hundred people at the party. | そのパーティーには100人を超える人々がいました。 |
| 0946 My mother often (　　　) me (　　　) (　　　) books. | 母はよく私に本を読むように言います。 |
| 0957 I'll (　　　) (　　　) you at the restaurant. | 私はそのレストランであなたを待ちます。 |
| 0948 I don't see my grandparents often because they live (　　　) (　　　). | 私の祖父母は遠くに住んでいるので，私は彼らに頻繁には会いません。 |
| 0942 (　　　) (　　　) do you play tennis? | あなたはどれくらいの頻度でテニスをしますか。 |
| 0955 Excuse me. Can I (　　　) (　　　) this jacket? | すみません。この上着を試着してもいいですか。 |
| 0949 Let's (　　　) (　　　) the bus at the next stop and walk. | 次の停留所でバスを降りて歩きましょう。 |

解答　0947 each other　0944 made of　0960 one day　0956 turn off　0951 had lunch　0945 stay home　0941 go home　0958 because of　0954 ran away　0959 do well on　0943 listening to　0953 paid, for　0950 get up　0952 more than　0946 tells, to read　0957 wait for　0948 far away　0942 How often　0955 try on　0949 get off

学習日　　月　　日

| 熟語 | 1回目 | 2回目 | 意味 |
|---|---|---|---|
| 0981 a pair of ～ | | | 1組［足，対］の～ |
| 0982 anything else | | | (疑問文で) 他に何か |
| 0983 be proud of ～ | | | ～を誇りに思う |
| 0984 be ready to *do* | | | ～する準備ができている |
| 0985 do *one's* best | | | 最善を尽くす |
| 0986 far from ～ | | | ～から遠くに |
| 0987 find out ～ | | | ～を知る，<br>～を見つけ出す |
| 0988 get married | | | 結婚する |
| 0989 get to ～ | | | ～に着く |
| 0990 give *A* a ride | | | Aを車で送る［車に乗せる］ |
| 0991 go into ～ | | | ～に入る |
| 0992 go to work | | | 仕事に行く |
| 0993 have time to *do* | | | ～する時間がある |
| 0994 hear about ～ | | | ～について聞く |
| 0995 in the world | | | 世界(中)で |
| 0996 most of ～ | | | ～のほとんど |
| 0997 near here | | | この近くに |
| 0998 next to ～ | | | ～の隣に |
| 0999 not ～ at all | | | まったく～ない |
| 1000 not have to *do* | | | ～しなくてもよい，<br>～する必要がない |

## Unit 49の復習テスト　わからないときは前Unitで確認しましょう。

| 例文 | 訳 |
|---|---|
| 0980 He (　　) (　　) Seattle by train. | 彼は列車でシアトルに行きました。 |
| 0977 I (　　) (　　) the woman looking at the map. | 私は地図を見ている女性に話しかけました。 |
| 0971 She is going to (　　) (　　) her friend's house tonight. | 彼女は今夜友だちの家に泊まる予定です。 |
| 0963 We will (　　) (　　) Chicago before noon. | 私たちは正午までにはシカゴに着くでしょう。 |
| 0975 That dress (　　) (　　) the one I bought last week. | あのドレスは私が先週買ったものに似ています。 |
| 0966 She has (　　) (　　) (　　) (　　) for five days. | 彼女は5日間病気で寝ています。 |
| 0976 It was cold, so I (　　) (　　) a coat. | 寒かったので，私はコートを着ました。 |
| 0969 You don't have to bring anything because there will be (　　) (　　) food. | 食べ物はたくさんあるので，あなたは何も持ってこなくていいです。 |
| 0979 Our soccer team is stronger (　　) (　　) (　　) team in this city. | 私たちのサッカーチームはこの市の他のどのチームよりも強いです。 |
| 0965 Don't (　　) (　　) (　　) making mistakes. | 間違えることを恐れてはいけません。 |
| 0961 The man was (　　) busy (　　) (　　) lunch today. | その男性はとても忙しかったので，今日昼食をとることができませんでした。 |
| 0968 Our friend (　　) us (　　) her birthday party. | 私たちの友だちは私たちを彼女の誕生日パーティーに招待してくれました。 |
| 0972 I (　　) (　　) (　　) an astronaut in the future. | 私は将来，宇宙飛行士になりたいと思います。 |
| 0978 My family and I (　　) (　　) Canada for two weeks last summer. | 私の家族と私は昨年の夏，2週間カナダに滞在しました。 |
| 0970 My father sometimes goes to Los Angeles (　　) (　　). | 私の父はときどき仕事でロサンゼルスへ行きます。 |
| 0962 That singer is known to people (　　) (　　) (　　) (　　). | その歌手は世界中の人々に知られています。 |
| 0974 The store manager is able to speak (　　) Japanese (　　) English. | その店長は日本語も英語も両方とも話すことができます。 |
| 0964 (　　) (　　), I didn't like math, but now it's my favorite subject. | 最初は，私は数学が好きでありませんでしたが，今では大好きな教科です。 |
| 0967 When I (　　) (　　), my mother was washing clothes. | 私が帰宅したとき，母は衣類を洗っていました。 |
| 0973 It will be sunny (　　) (　　) (　　) tomorrow. | 明日は1日中晴れるでしょう。 |

解答 0980 traveled to　0977 spoke to　0971 stay at　0963 arrive in　0975 looks like　0966 been sick in bed　0976 put on　0969 lots of　0979 than any other　0965 be afraid of　0961 too, to have　0968 invited, to　0972 want to be　0978 stayed in　0970 on business　0962 all over the world　0974 both, and　0964 At first　0967 got home　0973 all day long

| 熟語 | 1回目 | 2回目 | 意味 |
|---|---|---|---|
| 1001 pick up *A* | | | Aを車で迎えに行く［来る］ |
| 1002 stay with *A* | | | Aのところに泊まる［滞在する］ |
| 1003 stop *doing* | | | ～するのをやめる |
| 1004 take a trip | | | 旅行する |
| 1005 take care of ～ | | | ～の世話をする |
| 1006 twice a week | | | 週に2回 |
| 1007 wake up | | | 目が覚める，起きる |
| 1008 work for ～ | | | ～で働く，～に勤める，（ある時間）働く |
| 1009 a lot | | | ずいぶん，たいへん |
| 1010 at work | | | 仕事中で，職場で |
| 1011 be different from ～ | | | ～と違う |
| 1012 be in the hospital | | | 入院している |
| 1013 be sold out | | | 売り切れている |
| 1014 between *A* and *B* | | | AとBの間に |
| 1015 catch a cold | | | 風邪をひく |
| 1016 come back | | | 戻ってくる |
| 1017 come home | | | 帰宅する |
| 1018 do *one's* homework | | | 宿題をする |
| 1019 for free | | | 無料で |
| 1020 for the first time | | | 初めて |

## Unit 50の復習テスト

わからないときは前Unitで確認しましょう。

| 例文 | 訳 |
|---|---|
| 0987 Please visit our website to (　　　) (　　　) more information. | もっと多くの情報を知るには，私たちのウェブサイトを訪れてください。 |
| 0984 (　　　) you (　　　) (　　　) (　　　) to the party? | パーティーに行く準備はできていますか。 |
| 0981 I want to buy (　　　) new (　　　) (　　　) shoes for my school trip. | 私は修学旅行のために新しい靴を1足買いたいです。 |
| 0998 He works at the coffee shop (　　　) (　　　) the hotel. | 彼はそのホテルの隣のコーヒー店で働いています。 |
| 0988 My granddaughter (　　　) (　　　) two years ago. | 私の孫娘は2年前に結婚しました。 |
| 0995 That is the highest mountain (　　　) (　　　) (　　　). | あれは世界で最も高い山です。 |
| 0994 Did you (　　　) (　　　) the train accident? | あなたはその列車の事故について聞きましたか。 |
| 0997 Are there any good restaurants (　　　) (　　　)? | この近くによいレストランはありますか。 |
| 0989 What time are we going to (　　　) (　　　) the airport? | 私たちは何時に空港に着くでしょうか。 |
| 0986 Is your house (　　　) (　　　) the station? | あなたの家は駅から遠いですか。 |
| 0983 She (　　　) (　　　) (　　　) her son. | 彼女は息子を誇りに思っています。 |
| 0999 I didn't understand his story (　　　) (　　　). | 私は彼の話がまったく理解できませんでした。 |
| 0982 Do you want me to do (　　　) (　　　), Grandma? | 他に何か私にしてほしいことはある，おばあちゃん？ |
| 0992 Dad, do you have to (　　　) (　　　) (　　　) this Saturday? | お父さん，今度の土曜日は仕事に行かなければならないの？ |
| 1000 You don't (　　　) (　　　) (　　　) that. | それを食べなくてもいいですよ。 |
| 0991 Please take off your shoes when you (　　　) (　　　) the house. | 家に入るときは靴を脱いでください。 |
| 0985 I'll (　　　) (　　　) (　　　) in the next tennis match. | 私は次のテニスの試合で最善を尽くします。 |
| 0990 It was raining, so my father (　　　) me (　　　) (　　　) to school. | 雨が降っていたので，父が私を学校まで車で送ってくれました。 |
| 0996 (　　　) (　　　) the students go to school by bus. | 生徒のほとんどがバスで学校へ行きます。 |
| 0993 We didn't (　　　) (　　　) (　　　) (　　　) her last month. | 私たちは先月，彼女を訪ねる時間がありませんでした。 |

**解答** 0987 find out 0984 Are, ready to go 0981 a, pair of 0998 next to 0988 got married 0995 in the world 0994 hear about 0997 near here 0989 get to 0986 far from 0983 is proud of 0999 at all 0982 anything else 0992 go to work 1000 have to eat 0991 go into 0985 do my best 0990 gave, a ride 0996 Most of 0993 have time to visit

学習日　　月　　日

| 熟語 | 1回目 | 2回目 | 意味 |
|---|---|---|---|
| 1021 go back to ～ | | | ～へ戻(もど)る，～へ帰る |
| 1022 how far ～ | | | どれくらいの距離(きょり)で～ |
| 1023 how many times ～ | | | 何回～ |
| 1024 hurry up | | | 急ぐ |
| 1025 in the future | | | 将来(しょうらい)，未来に |
| 1026 not ～ yet | | | まだ～ない |
| 1027 on vacation | | | 休暇(きゅうか)(中(ちゅう))で |
| 1028 put *A* in *B* | | | AをBに入れる |
| 1029 stay up late | | | 遅(おそ)くまで起きている |
| 1030 such as ～ | | | (たとえば)～のような |
| 1031 take a walk | | | 散歩する |
| 1032 take lessons | | | レッスンを受ける |
| 1033 these days | | | 最近，近ごろは |
| 1034 write back | | | (手紙やEメールなどの)返事を書く[返信をする] |
| 1035 write to ～ | | | ～に手紙[Eメール]を書く |
| 1036 (a) part of ～ | | | ～の一部 |
| 1037 a piece of ～ | | | 1切れ[片(へん)，枚(まい)]の～ |
| 1038 all the way | | | (その間)ずっと，はるばる |
| 1039 as ～ as ... | | | …と同じくらい～ |
| 1040 as usual | | | いつものように |

## Unit 51の復習テスト　わからないときは前Unitで確認しましょう。

| 例文 | 訳 |
|---|---|
| 1011 My idea (　　　) (　　　) (　　　) his. | 私の考えは彼の考えと違います。 |
| 1020 He took a plane (　　　) (　　　) (　　　) (　　　) when he went to China this spring. | 彼は今年の春に中国へ行ったとき，初めて飛行機に乗りました。 |
| 1009 He helped me (　　　) (　　　) when I stayed in the United States. | 彼は私がアメリカに滞在していたときにずいぶん私を助けてくれました。 |
| 1018 I usually (　　　) (　　　) (　　　) after school. | 私はたいてい放課後に宿題をします。 |
| 1008 He (　　　) (　　　) a big airline company. | 彼は大きな航空会社で働いています。 |
| 1006 I work at the hospital as a volunteer (　　　) (　　　) (　　　). | 私は週に2回ボランティアとして病院で働いています。 |
| 1012 My friend has (　　　) (　　　) (　　　) (　　　) since last Tuesday. | 私の友だちはこの前の火曜日から入院しています。 |
| 1002 I'm going to (　　　) (　　　) my uncle in Sydney next weekend. | 私は来週末，シドニーにいるおじのところに泊まる予定です。 |
| 1003 The students (　　　) (　　　) when the teacher came in. | 生徒たちは先生が入ってくるとおしゃべりするのをやめました。 |
| 1017 Can you (　　　) (　　　) early? Grandma will visit us today. | 早く帰宅できますか。今日はおばあちゃんがうちへ来ます。 |
| 1014 The post office is (　　　) a supermarket (　　　) a bookstore. | その郵便局はスーパーマーケットと書店の間にあります。 |
| 1010 She is (　　　) (　　　) now, so could you come again later? | 彼女は今仕事中なので，後でまた来ていただけますか。 |
| 1013 The concert tickets will (　　　) (　　　) (　　　) soon. | そのコンサートのチケットはすぐに売り切れるでしょう。 |
| 1005 Who's going to (　　　) (　　　) (　　　) your dog while you're on vacation? | あなたが休暇の間は誰が犬の世話をするのですか。 |
| 1019 You can enter the museum (　　　) (　　　) today. | 今日はその博物館に無料で入れます。 |
| 1015 He (　　　) (　　　) (　　　) and couldn't go on the school trip. | 彼は風邪をひいて修学旅行に行けませんでした。 |
| 1004 I hear you're going to (　　　) (　　　) (　　　) next month. | あなたは来月旅行するそうですね。 |
| 1007 The girl (　　　) (　　　) early today. | その女の子は今日早く目が覚めました。 |
| 1001 She is going to (　　　) (　　　) her husband at the station tonight. | 彼女は今夜夫を駅に車で迎えに行く予定です。 |
| 1016 You can go to the park. But (　　　) (　　　) before dinner. | 公園に行ってもいいですよ。でも夕食の前に戻ってきなさい。 |



解答 1011 is different from 1020 for the first time 1009 a lot 1018 do my homework 1008 works for 1006 twice a week 1012 been in the hospital 1002 stay with 1003 stopped talking 1017 come home 1014 between, and 1010 at work 1013 be sold out 1005 take care of 1019 for free 1015 caught a cold 1004 take a trip 1007 woke up 1001 pick up 1016 come back

学習日　　月　　日

| | 熟語 | 1回目 | 2回目 | 意味 |
|---|---|---|---|---|
| 1041 | at last | | | やっと，ついに，とうとう |
| 1042 | at the end of ～ | | | ～の終わりに，～の突き当たりに |
| 1043 | be back | | | 戻る |
| 1044 | be full of ～ | | | ～でいっぱいである |
| 1045 | be glad to *do* | | | ～してうれしい |
| 1046 | be in a hurry | | | 急いでいる |
| 1047 | be interested in ～ | | | ～に興味がある |
| 1048 | be kind to ～ | | | ～に親切である |
| 1049 | be tired of *doing* | | | ～するのに飽きて[うんざりして]いる |
| 1050 | cheer up *A* | | | Aを元気づける |
| 1051 | come true | | | 実現する，本当になる |
| 1052 | feel sick | | | 気分が悪い |
| 1053 | finish *doing* | | | ～し終える |
| 1054 | first of all | | | まず最初に |
| 1055 | for example | | | たとえば |
| 1056 | get angry | | | 怒る |
| 1057 | get back (to ～) | | | (～に)戻る |
| 1058 | go on a trip | | | 旅行に行く |
| 1059 | have a cold | | | 風邪をひいている |
| 1060 | have a stomachache | | | 腹痛がする |

## Unit 52の復習(ふくしゅう)テスト　わからないときは前Unitで確認しましょう。

| 例文 | 訳 |
|---|---|
| 1023 (　　) (　　) (　　) have you been to France? | あなたはフランスに何回行ったことがありますか。 |
| 1036 Cleaning these rooms is (　　) (　　) (　　) his job. | これらの部屋を掃除(そうじ)することは彼(かれ)の仕事の一部です。 |
| 1032 My sister (　　) piano (　　) because she wants to be a pianist. | 私(わたし)の姉[妹]はピアニストになりたいのでピアノのレッスンを受けています。 |
| 1035 I (　　) (　　) my parents every month while I was studying abroad in Boston. | 私(わたし)はボストンに留学(りゅうがく)している間，毎月両親に手紙[Eメール]を書きました。 |
| 1025 What do you want to do (　　) (　　) (　　)? | あなたは将来(しょうらい)何をしたいですか。 |
| 1022 (　　) (　　) is it from here to the station? | ここから駅までどれくらいの距離(きょり)ですか。 |
| 1031 Let's (　　) (　　) (　　) this afternoon. | 今日の午後，散歩しましょう。 |
| 1029 I'm sleepy because I (　　) (　　) (　　) last night. | 私(わたし)は昨夜遅(おそ)くまで起きていたので眠(ねむ)いです。 |
| 1038 He had to walk (　　) (　　) (　　) home from school. | 彼(かれ)は学校から家までずっと歩かなければなりませんでした。 |
| 1027 I'm going to Hawaii (　　) (　　) this summer. | 私(わたし)は今年の夏に休暇(きゅうか)でハワイへ行く予定です。 |
| 1037 Would you like (　　) (　　) (　　) cake? | ケーキを1切れいかがですか。 |
| 1024 (　　) (　　)! The concert will start in ten minutes. | 急いで！　あと10分でコンサートが始まります。 |
| 1021 The exchange student (　　) (　　) (　　) the United States last month. | その交換留学生(こうかんりゅうがくせい)は先月アメリカへ戻(もど)りました。 |
| 1039 I can run (　　) fast (　　) my older brother. | 私(わたし)は兄と同じくらい速く走ることができます。 |
| 1033 (　　) (　　), a lot of people care about the environment. | 最近，たくさんの人が環境(かんきょう)を気にかけています。 |
| 1026 I haven't finished cleaning my room (　　). | 私(わたし)はまだ部屋の掃除(そうじ)を終えていません。 |
| 1030 Fruit (　　) (　　) peaches and pears is grown in this area. | この地域(ちいき)ではモモやナシのような果物が栽培(さいばい)されています。 |
| 1034 I hope you will (　　) (　　) soon. | あなたがすぐに返事を書いてくれることを望んでいます。 |
| 1028 He (　　) his old clothes (　　) a box. | 彼(かれ)は古い衣服を箱に入れました。 |
| 1040 (　　) (　　), her father took a bath before dinner. | いつものように，彼女(かのじょ)の父親は夕食の前にお風呂に入りました。 |

**解答** 1023 How many times　1036 a part of　1032 takes, lessons　1035 wrote to　1025 in the future　1022 How far　1031 take a walk　1029 stayed up late　1038 all the way　1027 on vacation　1037 a piece of　1024 Hurry up　1021 went back to　1039 as, as　1033 These days　1026 yet　1030 such as　1034 write back　1028 put, in　1040 As usual

学習日　　月　　日

| | 熟語 | 1回目 | 2回目 | 意味 |
|---|---|---|---|---|
| 1061 | help *A* (to) *do* | | | Aが～するのを手伝う |
| 1062 | hundreds of ～ | | | 何百もの～ |
| 1063 | in time | | | 間に合って |
| 1064 | introduce *A* to *B* | | | AをBに紹介する |
| 1065 | It takes *A B* to *do* | | | Aが～するのにB(時間)がかかる |
| 1066 | keep *doing* | | | ～し続ける |
| 1067 | look after ～ | | | ～の世話をする |
| 1068 | make a speech | | | スピーチ[演説]をする |
| 1069 | no more ～ | | | これ以上～ない |
| 1070 | on foot | | | 徒歩で，歩いて |
| 1071 | on *one's* way home | | | 家に帰る途中で |
| 1072 | on *one's* way to ～ | | | ～へ行く途中で |
| 1073 | on time | | | 時間どおりに |
| 1074 | once a week | | | 週に1回 |
| 1075 | one of the ～ *A* | | | 最も～(最上級)なA(複数名詞)のうちの1つ[1人] |
| 1076 | right away | | | すぐに，今すぐ |
| 1077 | right now | | | ちょうど今，今すぐに |
| 1078 | see the doctor | | | 医者に診てもらう |
| 1079 | show *A* how to *do* | | | Aに～のやり方を教える |
| 1080 | so ～ that ... | | | とても～(形容詞・副詞)なので… |

## Unit 53の復習テスト わからないときは前Unitで確認しましょう。

| 例文 | 訳 |
|---|---|
| 1058 They ( ) ( ) ( ) ( ) to Mexico last month. | 彼らは先月メキシコへ旅行に行きました。 |
| 1060 The girl was absent from school yesterday because she ( ) ( ) ( ). | その女の子は昨日腹痛がしたので学校を休みました。 |
| 1051 I'm sure your dream will ( ) ( ). | あなたの夢はきっと実現すると私は思います。 |
| 1044 The sky ( ) ( ) ( ) stars. | 空は星でいっぱいでした。 |
| 1047 He ( ) ( ) ( ) Japanese history. | 彼は日本の歴史に興味があります。 |
| 1056 She ( ) ( ) because I broke her favorite cup. | 私が彼女のお気に入りのカップを割ったので，彼女は怒りました。 |
| 1050 She looked sad, so we tried to ( ) her ( ). | 彼女は悲しそうだったので，私たちは彼女を元気づけようとしました。 |
| 1043 Mom, I'm going out now, but I'll ( ) ( ) before it gets dark. | お母さん，今から外出するけれど，暗くなる前に戻るね。 |
| 1052 He ( ) ( ), so he went home early. | 彼は気分が悪かったので，早く家に帰りました。 |
| 1046 Sorry, I can't talk now. I'm ( ) ( ) ( ) to get to work. | ごめんなさい，今は話せません。職場へ行くのに急いでいます。 |
| 1054 ( ) ( ) ( ), let me introduce myself. | まず最初に，自己紹介をさせてください。 |
| 1048 The new neighbor ( ) very ( ) ( ) us. | 新しい隣人は私たちにとても親切でした。 |
| 1042 We asked the teacher some questions ( ) ( ) ( ) ( ) the class. | 私たちは授業の終わりに先生にいくつか質問をしました。 |
| 1053 My father ( ) ( ) his car before lunch. | 私の父は昼食の前に車を洗い終えました。 |
| 1059 Mom, can I stay home today? I think I ( ) ( ) ( ). | お母さん，今日は家にいてもいい？ 風邪をひいていると思うの。 |
| 1045 I'm ( ) ( ) ( ) that you've passed the exam. | 私はあなたが試験に合格したと知ってうれしいです。 |
| 1057 He ( ) ( ) ( ) his office at 3 p.m. | 彼は午後3時に事務所に戻りました。 |
| 1041 I finished my homework ( ) ( ). | 私はやっと宿題をやり終えました。 |
| 1049 I'm ( ) ( ) ( ) TV. Let's go for a walk. | 私はテレビを見るのに飽きました。散歩に行きましょう。 |
| 1055 There are many kinds of winter sports, ( ) ( ), skiing and snowboarding. | たくさんの種類の冬のスポーツがあります。たとえば，スキーやスノーボードです。 |

**解答** 1058 went on a trip 1060 had a stomachache 1051 come true 1044 was full of 1047 is interested in 1056 got angry 1050 cheer, up 1043 be back 1052 felt sick 1046 in a hurry 1054 First of all 1048 was, kind to 1042 at the end of 1053 finished washing 1059 have a cold 1045 glad to know 1057 got back to 1041 at last 1049 tired of watching 1055 for example

学習日　　　月　　　日

| | 熟語 | 1回目 | 2回目 | 意味 |
|---|---|---|---|---|
| 1081 | something (*A*) to *do* | | | 何か～すべき(Aな)もの |
| 1082 | sound like ～ | | | ～のように聞こえる[思われる] |
| 1083 | such a ～ | | | そんなに～,これほどの～ |
| 1084 | take a picture | | | 写真を撮る |
| 1085 | take a shower | | | シャワーを浴びる |
| 1086 | take off ～ | | | ～を脱ぐ |
| 1087 | the other day | | | 先日 |
| 1088 | the same as ～ | | | ～と同じ |
| 1089 | this way | | | こちらへ |
| 1090 | thousands of ～ | | | 何千もの～,たくさんの～ |
| 1091 | turn down ～ | | | (テレビ・ラジオなど)の音量を下げる |
| 1092 | a glass of ～ | | | コップ1杯の～ |
| 1093 | be covered with ～ | | | ～でおおわれている |
| 1094 | be filled with ～ | | | ～でいっぱいである |
| 1095 | break *one's* promise | | | 約束を破る |
| 1096 | give *A* a hand | | | Aを手伝う |
| 1097 | give up | | | あきらめる,やめる |
| 1098 | have an interview with *A* | | | Aにインタビューをする,Aと面談する |
| 1099 | in fact | | | 実際は,実は |
| 1100 | leave for ～ | | | ～へ(向けて)出発する |

## ✖ Unit 54の復習(ふくしゅう)テスト　わからないときは前Unitで確認しましょう。

| 例文 | 訳 |
|---|---|
| 1073 The express train arrived (　　) (　　). | その急行列車は時間どおりに到着(とうちゃく)しました。 |
| 1075 Boston is (　　) (　　) (　　) oldest cities in the United States. | ボストンはアメリカで最も古い都市のうちの1つです。 |
| 1066 (　　) (　　) if you want to win the match. | その試合に勝ちたいのなら，練習し続けなさい。 |
| 1072 He often buys coffee (　　) (　　) (　　) (　　) his office. | 彼(かれ)はよく会社へ行く途中(とちゅう)でコーヒーを買います。 |
| 1080 We were (　　) tired (　　) we went to bed early. | 私(わたし)たちはとても疲(つか)れていたので早く寝(ね)ました。 |
| 1061 He (　　) his mother (　　) (　　) the dishes. | 彼(かれ)は母親が皿を洗(あら)うのを手伝いました。 |
| 1077 OK, I'm doing it (　　) (　　). | いいですよ，私(わたし)はちょうど今それをやっています。 |
| 1063 The woman ran to the station and was just (　　) (　　) to catch the train. | その女性(じょせい)は駅まで走り，ちょうど電車に間に合いました。 |
| 1071 I'll get something for dinner (　　) (　　) (　　) (　　). | 家に帰る途中(とちゅう)で夕食に何か買います。 |
| 1062 (　　) (　　) people were waiting outside the concert hall. | コンサートホールの外では何百人もの人々が待っていました。 |
| 1065 (　　) (　　) me a month (　　) (　　) the book. | 私(わたし)はその本を読むのに1カ月かかりました。 |
| 1070 It took us about an hour to get there (　　) (　　). | 私(わたし)たちはそこへ徒歩で行くのに約1時間かかりました。 |
| 1068 She had to (　　) (　　) long (　　) at the meeting yesterday. | 彼女(かのじょ)は昨日，会合で長いスピーチをしなければなりませんでした。 |
| 1064 He (　　) his best friend (　　) us. | 彼(かれ)は親友を私(わたし)たちに紹介(しょうかい)しました。 |
| 1076 Certainly, sir. I'll bring it (　　) (　　). | かしこまりました，お客さま。すぐにそれをお持ちします。 |
| 1069 There are (　　) (　　) boxes in my house. | 私(わたし)の家にはこれ以上箱はありません。 |
| 1078 She had a fever, so she went to (　　) (　　) (　　). | 彼女(かのじょ)は熱があったので，医者に診(み)てもらいに行きました。 |
| 1074 He goes to tennis school (　　) (　　) (　　). | 彼(かれ)は週に1回テニススクールに行きます。 |
| 1079 Can you (　　) me (　　) (　　) (　　) this machine? | 私(わたし)にこの機械の使い方を教えてくれますか。 |
| 1067 Could you (　　) (　　) your little sister while I go to the bank? | 私(わたし)が銀行へ行く間，あなたの妹の世話をしてもらえますか。 |

解答 1073 on time　1075 one of the　1066 Keep practicing　1072 on his way to　1080 so, that　1061 helped, to wash　1077 right now　1063 in time　1071 on my way home　1062 Hundreds of　1065 It took, to read　1070 on foot　1068 make a, speech　1064 introduced, to　1076 right away　1069 no more　1078 see the doctor　1074 once a week　1079 show, how to use　1067 look after

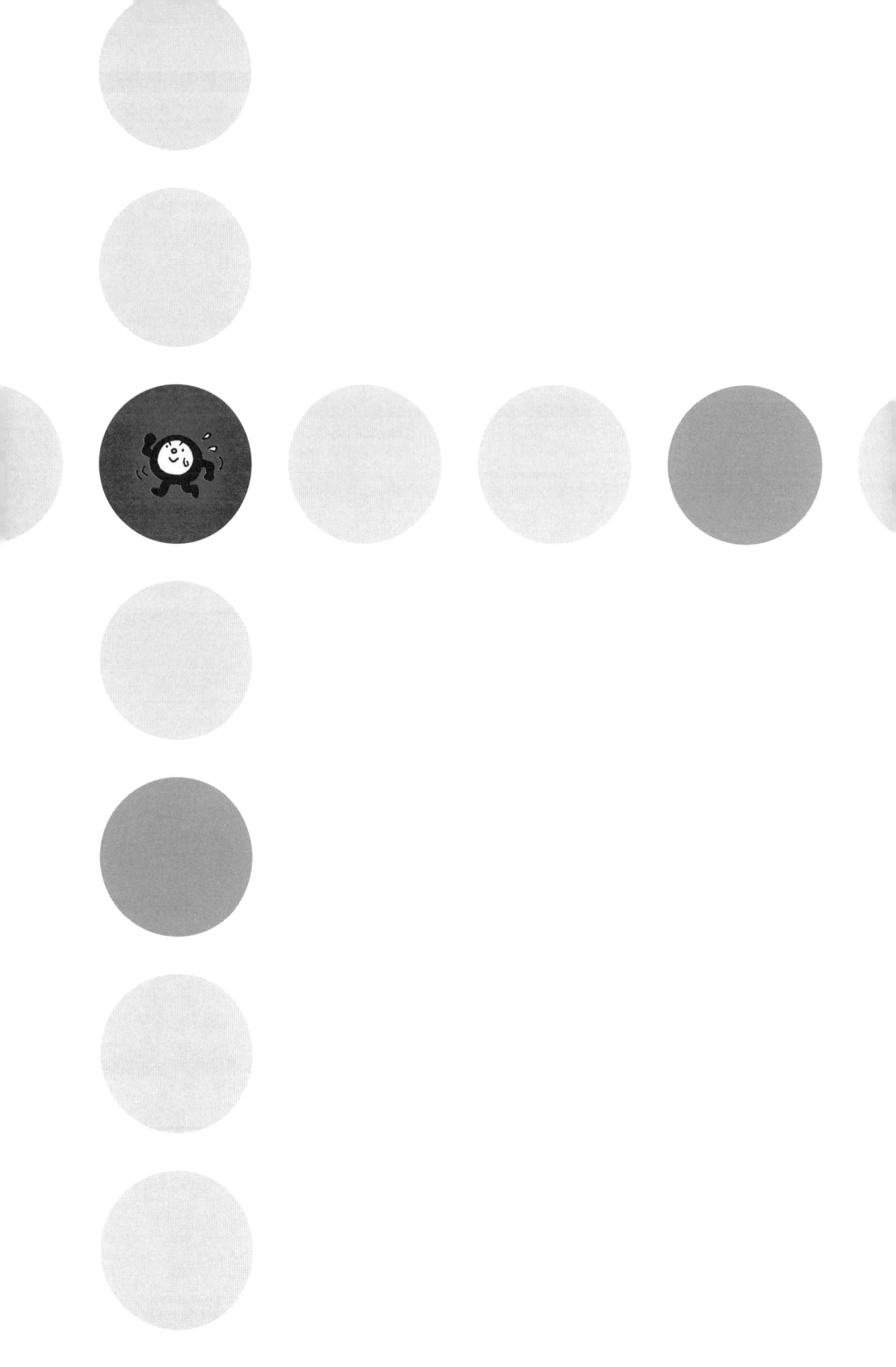

## 熟語編

## でる度 B 差がつく応用熟語 100

*Section* 12 **Unit 56 ~ 60**

学習日　　月　　日

| 熟語 | 1回目 | 2回目 | 意味 |
|---|---|---|---|
| 1101 a slice of ～ | | | 1切れ[枚]の～ |
| 1102 agree with ～ | | | ～に同意する |
| 1103 all the time | | | いつも，その間ずっと |
| 1104 as soon as possible | | | できるだけ早く |
| 1105 ask (*A*) for ～ | | | (Aに)～を求める[頼む] |
| 1106 be absent from ～ | | | ～を休んでいる |
| 1107 be careful (about ～) | | | (～に)気をつける |
| 1108 be happy to *do* | | | ～してうれしい |
| 1109 be known as ～ | | | ～として知られている |
| 1110 brush *one's* teeth | | | 歯をみがく |
| 1111 change *one's* mind | | | 気が変わる，考えを変える |
| 1112 day and night | | | 昼も夜も |
| 1113 fall down | | | 転ぶ，倒れる |
| 1114 feel better | | | 気分[体調]がよくなる |
| 1115 feel like *doing* | | | ～したい気分である |
| 1116 for a long time | | | 長い間 |
| 1117 get better | | | (病気や悪い状態が)よくなる，上達する |
| 1118 get in trouble | | | (面倒なことに)巻きこまれる，困ったことになる |
| 1119 get on (～) | | | (乗り物に)乗る |
| 1120 get *A* to *do* | | | Aに～させる，Aに～してもらう |

## Unit 55の復習テスト

わからないときは前Unitで確認しましょう。

| 例文 | 訳 |
|---|---|
| 1090 (　　　) (　　　) people visit this castle every month. | 毎月，何千人もの人々がこの城を訪れます。 |
| 1093 When I saw the ground this morning, it (　　　) (　　　) (　　　) snow. | 今朝地面を見たら，それは雪でおおわれていました。 |
| 1083 I've never had (　　　) (　　　) delicious cake. | 私はそんなにおいしいケーキを食べたことがありません。 |
| 1094 The place (　　　) (　　　) (　　　) young people. | その場所は若者でいっぱいでした。 |
| 1086 The man (　　　) (　　　) his hat when he went into the church. | その男性は教会の中へ入ったときに帽子を脱ぎました。 |
| 1097 You can do it if you try harder. Don't (　　　) (　　　)! | もっと一生懸命やればあなたならそれができます。あきらめないで！ |
| 1084 He (　　　) a lot of (　　　) during his trip. | 彼は旅行中にたくさんの写真を撮りました。 |
| 1098 She will (　　　) (　　　) (　　　) (　　　) a famous pianist tomorrow. | 彼女は明日，有名なピアニストにインタビューをします。 |
| 1081 I'm thirsty. I want (　　　) cold (　　　) (　　　). | 私はのどが渇いています。何か冷たい飲み物がほしいです。 |
| 1092 Can I have (　　　) (　　　) (　　　) milk? | 牛乳をコップ１杯もらえますか。 |
| 1085 She (　　　) (　　　) (　　　) after she played tennis. | 彼女はテニスをした後にシャワーを浴びました。 |
| 1091 Could you (　　　) (　　　) the music? I'm studying. | 音楽の音量を下げていただけますか。私は勉強しているのです。 |
| 1100 She (　　　) (　　　) school early in the morning every day. | 彼女は毎日朝早く学校へ向かいます。 |
| 1087 I met an old friend of mine on the street (　　　) (　　　) (　　　). | 先日，私は通りで昔の友だちに会いました。 |
| 1099 My brother is very good at soccer. (　　　) (　　　), he's the best player in his school. | 私の兄[弟]はサッカーがとてもじょうずです。実際，彼は学校でいちばんじょうずな選手です。 |
| 1089 Please come (　　　) (　　　). I'll show you our office. | どうぞこちらへ来てください。私たちの事務所をお見せします。 |
| 1096 I have to move this table. Could you (　　　) me (　　　) (　　　)? | このテーブルを動かさなければなりません。私を手伝っていただけますか。 |
| 1082 That (　　　) (　　　) a great idea. | それはすばらしい考えのように聞こえます。 |
| 1095 She (　　　) (　　　) (　　　) and didn't come to the meeting. | 彼女は約束を破って会合に来ませんでした。 |
| 1088 My bag is (　　　) (　　　) (　　　) my sister's. | 私のかばんは姉［妹］のかばんと同じです。 |

**解答** 1090 Thousands of　1093 was covered with　1083 such a　1094 was filled with　1086 took off　1097 give up　1084 took, pictures　1098 have an interview with　1081 something, to drink　1092 a glass of　1085 took a shower　1091 turn down　1100 leaves for　1087 the other day　1099 In fact　1089 this way　1096 give, a hand　1082 sounds like　1095 broke her promise　1088 the same as

| 熟語 | 1回目 | 2回目 | 意味 |
|---|---|---|---|
| 1121 **get together** | | | 集まる |
| 1122 **give *A* back to *B*** | | | AをBに返す |
| 1123 **go abroad** | | | 海外へ行く |
| 1124 **go for a walk** | | | 散歩に行く |
| 1125 **go to see a movie** | | | 映画を見に行く |
| 1126 **graduate from ~** | | | ~を卒業する |
| 1127 **have a good memory** | | | 記憶力がよい |
| 1128 **have a great time** | | | 楽しい時間を過ごす |
| 1129 **have been to ~** | | | ~に行ったことがある |
| 1130 **have enough *A* to *do*** | | | ~するのに十分なA(名詞)がある |
| 1131 **hear of ~** | | | ~のこと[うわさ]を聞く |
| 1132 **in a minute** | | | すぐに |
| 1133 **in those days** | | | その当時，あのころは |
| 1134 **look around (~)** | | | (~を)見て回る，(~の)辺りを見回す |
| 1135 **look well** | | | 元気そうに見える |
| 1136 **make *A* from *B*** | | | AをBから作る |
| 1137 **name *A* after *B*** | | | BにちなんでAに名前をつける |
| 1138 **on *one's* first day** | | | 初日に |
| 1139 **on *one's* right** | | | 右側[右手]に |
| 1140 **on sale** | | | 売りに出されて，特売[セール]で |

## Unit 56の復習(ふくしゅう)テスト　わからないときは前Unitで確認しましょう。

| 例文 | 訳 |
|---|---|
| 1113 I (　　) (　　) when I was running to school. | 私は学校に向かって走っていたときに転びました。 |
| 1105 I was very busy, so I (　　) her (　　) help. | 私はとても忙しかったので，彼女に助けを求めました。 |
| 1110 (　　) (　　) (　　) before going to bed. | 寝る前に歯をみがきなさい。 |
| 1107 I think you drive too fast. You should (　　) more (　　) (　　) driving. | あなたは車のスピードを出しすぎだと思います。運転にもっと気をつけたほうがいいです。 |
| 1119 Sorry I'm late. I (　　) (　　) the wrong bus. | 遅れてごめんなさい。間違ったバスに乗ってしまいました。 |
| 1103 He never listens. He just talks (　　) (　　) (　　). | 彼は決して話を聞きません。いつもしゃべってばかりです。 |
| 1111 He (　　) (　　) (　　) and didn't go to the party. | 彼は気が変わってそのパーティーに行きませんでした。 |
| 1120 My mother (　　) me (　　) (　　) the dishes after dinner. | 私の母は夕食後，私に皿を洗わせました。 |
| 1115 I (　　) (　　) (　　) Italian food tonight. | 私は今夜はイタリア料理を食べたい気分です。 |
| 1104 Please contact her (　　) (　　) (　　) (　　). | できるだけ早く彼女に連絡をとってください。 |
| 1116 I've wanted to buy this (　　) (　　) (　　) (　　). | 私は長い間これを買いたいと思っていました。 |
| 1109 Chicago (　　) (　　) (　　) the "Windy City." | シカゴは「風の街」として知られています。 |
| 1102 If you don't (　　) (　　) me, please say so. | 私に同意しないのなら，どうぞそう言ってください。 |
| 1106 He has (　　) (　　) (　　) school for three days. | 彼は3日間学校を休んでいます。 |
| 1108 She (　　) (　　) (　　) (　　) the good news. | 彼女はよい知らせを聞いてうれしく思いました。 |
| 1118 She (　　) (　　) (　　) when she was shopping online. | 彼女はオンラインで買い物をしていたときに面倒なことに巻きこまれました。 |
| 1112 The work continues (　　) (　　) (　　). | その作業は昼も夜も続きます。 |
| 1101 He put (　　) (　　) (　　) lemon into his tea. | 彼は紅茶にレモンを1切れ入れました。 |
| 1117 I hope you'll (　　) (　　) soon. | 私はあなたが早くよくなることを願っています。 |
| 1114 I had a fever this morning, but now I'm (　　) (　　). | 私は今朝は熱がありましたが，今は気分がよくなりました。 |

**解答** 1113 fell down　1105 asked, for　1110 Brush your teeth　1107 be, careful about　1119 got on　1103 all the time　1111 changed his mind　1120 got, to wash　1115 feel like eating　1104 as soon as possible　1116 for a long time　1109 is known as　1102 agree with　1106 been absent from　1108 was happy to hear　1118 got in trouble　1112 day and night　1101 a slice of　1117 get better　1114 feeling better

学習日　　月　　日

| | 熟語 | 1回目 | 2回目 | 意味 |
|---|---|---|---|---|
| 1141 | pick up ~ | | | ~を拾い上げる，~を手に取る |
| 1142 | play catch | | | キャッチボールをする |
| 1143 | receive a prize | | | 賞を取る，受賞する |
| 1144 | save money | | | お金を貯める，お金を節約する |
| 1145 | say goodbye to *A* | | | Aにさようならを言う |
| 1146 | say hello to *A* | | | Aによろしくと伝える |
| 1147 | show *A* around ~ | | | Aに~を案内する |
| 1148 | slow down | | | 速度［ペース］を落とす |
| 1149 | take place | | | 行われる，起こる |
| 1150 | talk to *oneself* | | | ひとりごとを言う |
| 1151 | thanks to ~ | | | ~のおかげで，~のせいで |
| 1152 | think of ~ | | | ~を思いつく，~（のこと）を考える |
| 1153 | this is *one's* first time to *do* | | | （人）にとって~するのはこれが初めてである |
| 1154 | turn left | | | 左に曲がる |
| 1155 | turn on ~ | | | （電気など）をつける，（ガス・水道など）を出す |
| 1156 | visit *A* in the hospital | | | 病院にAの見舞いに行く |
| 1157 | would love to *do* | | | （ぜひ）~したい |
| 1158 | a couple of ~ | | | 2，3の~，2つの~ |
| 1159 | a friend of mine | | | 私の友だちの1人 |
| 1160 | after a while | | | しばらくして |

## Unit 57の復習テスト　わからないときは前Unitで確認しましょう。

| 例文 | 訳 |
|---|---|
| 1122 Will you (　　) my dictionary (　　) (　　) me? I need it tomorrow. | 私の辞書を私に返してくれますか。明日それが必要なのです。 |
| 1139 Turn left at that flower shop, and you'll see it (　　) (　　) (　　). | あの花屋のところを左に曲がると，それが右側に見えます。 |
| 1121 Let's (　　) (　　) next Sunday. | 次の日曜日に集まりましょう。 |
| 1133 (　　) (　　) (　　), there was no TV. | その当時，テレビはありませんでした。 |
| 1138 He was late (　　) (　　) (　　) (　　) of work. | 彼は仕事の初日に遅刻しました。 |
| 1131 Have you (　　) (　　) the city's new plan? | あなたはその都市の新しい計画のことを聞いたことがありますか。 |
| 1129 I (　　) (　　) (　　) Australia three times. | 私はオーストラリアに3回行ったことがあります。 |
| 1125 Last weekend, I (　　) (　　) (　　) (　　) (　　) with my classmate. | 先週末，私はクラスメートと映画を見に行きました。 |
| 1132 I'll be back (　　) (　　) (　　). | すぐに戻ります。 |
| 1134 She didn't have time to (　　) (　　) the town. | 彼女は町を見て回る時間がありませんでした。 |
| 1137 The baby was (　　) (　　) his grandfather. | その赤ちゃんはおじいさんにちなんで名前をつけられました。 |
| 1140 The tickets will be (　　) (　　) next Monday. | そのチケットは次の月曜日に売り出されます。 |
| 1136 Wine is (　　) (　　) grapes. | ワインはブドウから作られます。 |
| 1124 I (　　) (　　) (　　) (　　) in the park yesterday. | 私は昨日公園へ散歩に行きました。 |
| 1135 What's the matter? You don't (　　) (　　). | どうしたのですか。元気がないみたいですね。 |
| 1130 We (　　) (　　) eggs (　　) (　　) a cake. | 私たちはケーキを作るのに十分な卵があります。 |
| 1127 She (　　) (　　) (　　) (　　). She remembers almost everything about me. | 彼女は記憶力がよいです。私についてほとんどすべてのことを覚えています。 |
| 1123 My uncle often (　　) (　　) on business. | 私のおじは仕事でよく海外へ行きます。 |
| 1126 After (　　) (　　) university, she started to work as a scientist. | 彼女は大学を卒業した後，科学者として働き始めました。 |
| 1128 I'm glad to hear that you're (　　) (　　) (　　) (　　) in London. | あなたがロンドンで楽しい時間を過ごしていると聞いて私はうれしいです。 |

**解答** 1122 give, back to　1139 on your right　1121 get together　1133 In those days　1138 on his first day　1131 heard of　1129 have been to　1125 went to see a movie　1132 in a minute　1134 look around　1137 named after　1140 on sale　1136 made from　1124 went for a walk　1135 look well　1130 have enough, to make　1127 has a good memory　1123 goes abroad　1126 graduating from　1128 having a great time

学習日　　月　　日

| 熟語 | 1回目 | 2回目 | 意味 |
|---|---|---|---|
| 1161 as soon as ... | | | …するとすぐに |
| 1162 at least | | | 少なくとも |
| 1163 at once | | | すぐに |
| 1164 be scared of ～ | | | ～を怖(こわ)がる |
| 1165 be similar to ～ | | | ～と似(に)ている |
| 1166 belong to ～ | | | ～に所属(しょぞく)している |
| 1167 by the way | | | ところで |
| 1168 call *A* back | | | Aに折り返し電話をする |
| 1169 care about ～ | | | ～を気づかう |
| 1170 change trains | | | 列車を乗り換(か)える |
| 1171 clean up ～ | | | ～を掃除(そうじ)する,<br>～をきれいにする |
| 1172 depend on ～ | | | ～しだいである,<br>～に頼(たよ)る |
| 1173 either *A* or *B* | | | AかBのどちらか |
| 1174 exchange *A* for *B* | | | AをBと交換(こうかん)する |
| 1175 for a while | | | しばらくの間 |
| 1176 for fun | | | 楽しみで |
| 1177 get a good grade (on ～) | | | (～で) よい成績(せいせき)を取る |
| 1178 get away from ～ | | | ～から逃(に)げる [離(はな)れる] |
| 1179 get in ～ | | | (車など) に乗りこむ,<br>～に入る |
| 1180 have a fight | | | けんかをする |

## Unit 58の復習テスト　わからないときは前Unitで確認しましょう。

| 例文 | 訳 |
| --- | --- |
| 1145 He left the room without (　　　) (　　　) (　　　) us. | 彼は私たちにさようならも言わないで部屋を出て行きました。 |
| 1158 I'm going to stay in London for (　　　) (　　　) (　　　) weeks. | 私は2，3週間ロンドンに滞在する予定です。 |
| 1155 It's cold here. Shall we (　　　) (　　　) the heater? | ここは寒いですね。暖房をつけましょうか。 |
| 1148 The train (　　　) (　　　) and stopped. | その列車は速度を落として止まりました。 |
| 1154 Please (　　　) (　　　) at the second traffic light. | 2つ目の信号で左に曲がってください。 |
| 1160 (　　　) (　　　) (　　　), it started to rain. | しばらくして，雨が降り始めました。 |
| 1156 I (　　　) my friend (　　　) (　　　) (　　　). | 私は病院に友だちの見舞いに行きました。 |
| 1144 My brother is working after school to (　　　) (　　　). | 私の兄[弟]はお金を貯めるために放課後働いています。 |
| 1142 My father and I (　　　) (　　　) in the park yesterday. | 父と私は昨日公園でキャッチボールをしました。 |
| 1152 When she was talking with her friends, she (　　　) (　　　) a good idea. | 彼女は友だちと話しているときに，よい考えを思いつきました。 |
| 1150 I heard him (　　　) (　　　) (　　　). | 私は彼がひとりごとを言っているのを聞きました。 |
| 1157 We'd (　　　) (　　　) (　　　) longer, but we have to go. | もっと長くいたいのですが，私たちは行かなければなりません。 |
| 1143 She (　　　) first (　　　) in the contest. | 彼女はそのコンテストで1等賞を取りました。 |
| 1159 I went fishing with (　　　) (　　　) (　　　) (　　　). | 私は友だちの1人と釣りに行きました。 |
| 1141 I (　　　) (　　　) a wallet on the street and took it to the police station. | 私は路上で財布を拾い，それを警察署へ持っていきました。 |
| 1146 I can't go with you. Please (　　　) (　　　) (　　　) Grandpa for me. | 私は一緒に行けないわ。私の代わりにおじいちゃんによろしく伝えてね。 |
| 1147 My aunt (　　　) me (　　　) her town. | おばは私に自分の町を案内してくれました。 |
| 1149 This festival (　　　) (　　　) every summer. | この祭りは毎年夏に行われます。 |
| 1153 (　　　) (　　　) (　　　) (　　　) (　　　) (　　　) (　　　) to this town? | あなたにとってこの町に来るのはこれが初めてですか。 |
| 1151 (　　　) (　　　) your advice, I could write a good report. | あなたの助言のおかげで，私はよい報告書を書くことができました。 |

**解答** 1145 saying goodbye to　1158 a couple of　1155 turn on　1148 slowed down　1154 turn left　1160 After a while　1156 visited, in the hospital　1144 save money　1142 played catch　1152 thought of　1150 talking to himself　1157 love to stay　1143 received, prize　1159 a friend of mine　1141 picked up　1146 say hello to　1147 showed, around　1149 takes place　1153 Is this your first time to come　1151 Thanks to

| 熟語 | 1回目 | 2回目 | 意味 |
|---|---|---|---|
| 1181 hear from ～ | | | ～から連絡[便り]をもらう |
| 1182 instead of ～ | | | ～の代わりに |
| 1183 It is *A* for *B* to *do* | | | Bが～するのはA(形容詞)である |
| 1184 keep in touch with *A* | | | Aと連絡をとり続ける |
| 1185 laugh at ～ | | | ～を聞いて[見て]笑う |
| 1186 leave a message (for *A*) | | | (Aに)伝言を残す |
| 1187 less than ～ | | | ～より少ない |
| 1188 lose *one's* way | | | 道に迷う |
| 1189 make a mistake | | | 間違える |
| 1190 make money | | | お金をかせぐ |
| 1191 not *A* but *B* | | | AではなくB |
| 1192 on the other hand | | | 一方では |
| 1193 so many ～ | | | とてもたくさんの～ |
| 1194 take a break | | | 休憩を取る |
| 1195 take a look at ～ | | | ～を見る |
| 1196 take off | | | (飛行機が)離陸する |
| 1197 the number of ～ | | | ～の数 |
| 1198 throw away ～ | | | ～を捨てる |
| 1199 turn up ～ | | | (テレビ・ラジオなど)の音量を上げる |
| 1200 where to *do* | | | どこへ[で]～するべきか |

## Unit 59の復習テスト　わからないときは前Unitで確認しましょう。

| 例文 | 訳 |
|---|---|
| 1161 I changed my clothes (　　) (　　) (　　) I got home. | 私は帰宅するとすぐに服を着替えました。 |
| 1178 All those people (　　) (　　) (　　) the fire safely. | その人たちはみんな火事から無事に逃げました。 |
| 1173 You can choose (　　) fish (　　) meat for your main dish. | メインディッシュには魚か肉のどちらかを選ぶことができます。 |
| 1175 I haven't seen you (　　) (　　) (　　). How are you doing? | しばらくの間，あなたに会っていませんでしたね。調子はどうですか。 |
| 1169 If you (　　) (　　) your health, why don't you exercise? | もしあなたが健康を気づかうなら，運動してはどうですか。 |
| 1162 I have (　　) (　　) a hundred comic books. | 私は少なくとも100冊の漫画本を持っています。 |
| 1166 I (　　) (　　) the photography club at school. | 私は学校で写真部に所属しています。 |
| 1171 Let's (　　) (　　) the living room before dinner. | 夕食の前に居間を掃除しましょう。 |
| 1180 Yesterday, my brother and I (　　) (　　) (　　). Our mother stopped us. | 昨日，兄［弟］と私はけんかをしました。母が私たちを止めました。 |
| 1174 The shirt I bought is too big. Could I (　　) it (　　) a smaller one? | 私が買ったシャツは大きすぎます。これをもっと小さいものと交換することはできますでしょうか。 |
| 1170 Get off at the next station and (　　) (　　). | 次の駅で降りて，列車を乗り換えてください。 |
| 1165 His idea (　　) (　　) (　　) yours. | 彼の考えはあなたの考えと似ています。 |
| 1167 (　　) (　　) (　　), how was your trip to New Zealand? | ところで，ニュージーランドへの旅行はいかがでしたか。 |
| 1177 She (　　) (　　) (　　) (　　) (　　) the math test. | 彼女はその数学のテストでよい成績を取りました。 |
| 1179 The man told him to (　　) (　　) the car. | その男性は彼に車に乗るように言いました。 |
| 1168 I'll tell her to (　　) you (　　). | あなたに折り返し電話をするように彼女に伝えます。 |
| 1176 He is reading history books about Europe (　　) (　　). | 彼はヨーロッパに関する歴史の本を楽しみで読んでいます。 |
| 1163 When the president got on the stage, he began his speech (　　) (　　). | 大統領はステージに上がると，すぐにスピーチを始めました。 |
| 1172 It (　　) (　　) the weather. If it's sunny, I'll go fishing. | 天気しだいです。もし晴れたら，私は釣りに行きます。 |
| 1164 She can't swim in the pool because she's (　　) (　　) water. | 彼女は水が怖いのでプールで泳ぐことができません。 |

解答　1161 as soon as　1178 got away from　1173 either, or　1175 for a while　1169 care about　1162 at least　1166 belong to　1171 clean up　1180 had a fight　1174 exchange, for　1170 change trains　1165 is similar to　1167 By the way　1177 got a good grade on　1179 get in　1168 call, back　1176 for fun　1163 at once　1172 depends on　1164 scared of

## Unit 60の復習テスト　わからないときは前Unitで確認しましょう。

| 例文 | 訳 |
|---|---|
| 1198 Don't (　　) (　　) these magazines. I'm still reading them. | これらの雑誌を捨てないでください。私はまだこれらを読んでいます。 |
| 1193 I have (　　) (　　) questions I want to ask him. | 私は彼にたずねたい質問がとてもたくさんあります。 |
| 1181 I hope to (　　) (　　) you soon. Bye. | 私は早くあなたから連絡をもらいたいと思っています。それじゃあ。 |
| 1196 Our plane (　　) (　　) on time. | 私たちの飛行機は時間どおりに離陸しました。 |
| 1190 He worked very hard to (　　) (　　) for a new car. | 彼は新しい車を買うお金をかせぐためにとても一生懸命働きました。 |
| 1189 I (　　) (　　) (　　) on my English writing test. | 私は英語のライティングテストで間違えました。 |
| 1182 We ordered green salad (　　) (　　) onion soup. | 私たちはオニオンスープの代わりにグリーンサラダを注文しました。 |
| 1195 This copy machine doesn't work. Can you (　　) (　　) (　　) (　　) it? | このコピー機は動きません。これを見てもらえませんか。 |
| 1183 (　　) (　　) difficult (　　) me (　　) (　　) the job this month. | 私が今月中に仕事を終わらせるのは難しいです。 |
| 1185 Everyone (　　) (　　) his funny story. | みんなが彼のおかしな話を聞いて笑いました。 |
| 1200 The summer vacation starts next week, but we haven't decided (　　) (　　) (　　) yet. | 来週から夏休みが始まりますが，私たちはどこへ行くかまだ決めていません。 |
| 1186 Sorry, but she is out now. Would you like to (　　) (　　) (　　) (　　) her? | すみませんが，彼女は今外出中です。彼女に伝言を残されますか。 |
| 1191 That is (　　) a hamster (　　) a mouse. | あれはハムスターではなくネズミです。 |
| 1197 (　　) (　　) (　　) people who have a computer grew in Japan. | 日本ではコンピューターを持っている人の数が増えました。 |
| 1184 I still (　　) (　　) (　　) (　　) my old friend by e-mail. | 私は今でもEメールで昔の友だちと連絡をとり続けています。 |
| 1192 I like playing sports. (　　) (　　) (　　) (　　), my younger sister doesn't. | 私はスポーツをするのが好きです。一方，私の妹は好きではありません。 |
| 1199 Can you (　　) (　　) the radio? I can't hear it well. | ラジオの音量を上げてくれますか。よく聞こえません。 |
| 1188 Excuse me. I've (　　) (　　) (　　). Where are we on this map? | すみません。道に迷いました。私たちはこの地図のどこにいますか。 |
| 1187 Do you have T-shirts for (　　) (　　) twenty dollars? | 20ドルより安いTシャツはありますか。 |
| 1194 It's already three o'clock. Let's (　　) (　　) (　　). | もう3時です。休憩を取りましょう。 |

**解答** 1198 throw away　1193 so many　1181 hear from　1196 took off　1190 make money　1189 made a mistake　1182 instead of　1195 take a look at　1183 It is, for, to finish　1185 laughed at　1200 where to go　1186 leave a message for　1191 not, but　1197 The number of　1184 keep in touch with　1192 On the other hand　1199 turn up　1188 lost my way　1187 less than　1194 take a break

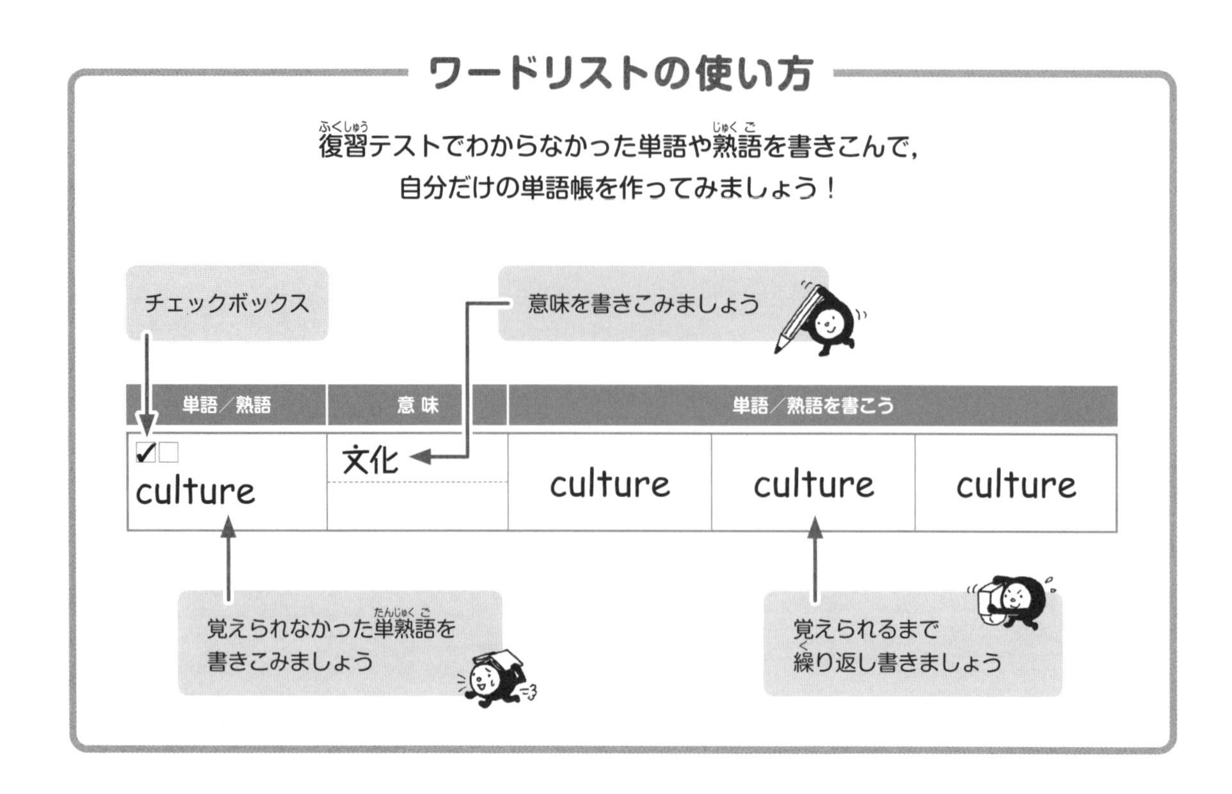


| 単語／熟語 | 意 味 | 単語／熟語を書こう | | |
|---|---|---|---|---|
| □□ | | | | |
| □□ | | | | |
| □□ | | | | |
| □□ | | | | |
| □□ | | | | |
| □□ | | | | |
| □□ | | | | |
| □□ | | | | |

| 単語／熟語 | 意味 | 単語／熟語を書こう | | |
|---|---|---|---|---|
| □□ | | | | |
| □□ | | | | |
| □□ | | | | |
| □□ | | | | |
| □□ | | | | |
| □□ | | | | |
| □□ | | | | |
| □□ | | | | |
| □□ | | | | |
| □□ | | | | |
| □□ | | | | |
| □□ | | | | |
| □□ | | | | |
| □□ | | | | |
| □□ | | | | |

| 単語／熟語 | 意味 | 単語／熟語を書こう | | |
|---|---|---|---|---|
| □□ | | | | |
| □□ | | | | |
| □□ | | | | |
| □□ | | | | |
| □□ | | | | |
| □□ | | | | |
| □□ | | | | |
| □□ | | | | |
| □□ | | | | |
| □□ | | | | |
| □□ | | | | |
| □□ | | | | |
| □□ | | | | |
| □□ | | | | |
| □□ | | | | |

| 単語／熟語 | 意 味 | 単語／熟語を書こう | | |
|---|---|---|---|---|
| □□ | | | | |
| □□ | | | | |
| □□ | | | | |
| □□ | | | | |
| □□ | | | | |
| □□ | | | | |
| □□ | | | | |
| □□ | | | | |
| □□ | | | | |
| □□ | | | | |
| □□ | | | | |
| □□ | | | | |
| □□ | | | | |
| □□ | | | | |
| □□ | | | | |

| 単語／熟語 | 意味 | 単語／熟語を書こう | | |
|---|---|---|---|---|
| □□ | | | | |
| □□ | | | | |
| □□ | | | | |
| □□ | | | | |
| □□ | | | | |
| □□ | | | | |
| □□ | | | | |
| □□ | | | | |
| □□ | | | | |
| □□ | | | | |
| □□ | | | | |
| □□ | | | | |
| □□ | | | | |
| □□ | | | | |
| □□ | | | | |

| 単語／熟語 | 意味 | 単語／熟語を書こう | | |
|---|---|---|---|---|
| □□ | | | | |
| □□ | | | | |
| □□ | | | | |
| □□ | | | | |
| □□ | | | | |
| □□ | | | | |
| □□ | | | | |
| □□ | | | | |
| □□ | | | | |
| □□ | | | | |
| □□ | | | | |
| □□ | | | | |
| □□ | | | | |
| □□ | | | | |
| □□ | | | | |

| 単語／熟語 | 意 味 | 単語／熟語を書こう | | |
|---|---|---|---|---|
| □□ | | | | |
| □□ | | | | |
| □□ | | | | |
| □□ | | | | |
| □□ | | | | |
| □□ | | | | |
| □□ | | | | |
| □□ | | | | |
| □□ | | | | |
| □□ | | | | |
| □□ | | | | |
| □□ | | | | |
| □□ | | | | |
| □□ | | | | |
| □□ | | | | |

| 単語／熟語 | 意味 | 単語／熟語を書こう | | |
|---|---|---|---|---|
| □□ | | | | |
| □□ | | | | |
| □□ | | | | |
| □□ | | | | |
| □□ | | | | |
| □□ | | | | |
| □□ | | | | |
| □□ | | | | |
| □□ | | | | |
| □□ | | | | |
| □□ | | | | |
| □□ | | | | |
| □□ | | | | |
| □□ | | | | |
| □□ | | | | |

| 単語／熟語 | 意 味 | 単語／熟語を書こう | | |
|---|---|---|---|---|
| □□ | | | | |
| □□ | | | | |
| □□ | | | | |
| □□ | | | | |
| □□ | | | | |
| □□ | | | | |
| □□ | | | | |
| □□ | | | | |
| □□ | | | | |
| □□ | | | | |
| □□ | | | | |
| □□ | | | | |
| □□ | | | | |
| □□ | | | | |
| □□ | | | | |

| 単語／熟語 | 意味 | 単語／熟語を書こう | | |
|---|---|---|---|---|
| □□ | | | | |
| □□ | | | | |
| □□ | | | | |
| □□ | | | | |
| □□ | | | | |
| □□ | | | | |
| □□ | | | | |
| □□ | | | | |
| □□ | | | | |
| □□ | | | | |
| □□ | | | | |
| □□ | | | | |
| □□ | | | | |
| □□ | | | | |
| □□ | | | | |

| 単語／熟語 | 意味 | 単語／熟語を書こう | | |
|---|---|---|---|---|
| □□ | | | | |
| □□ | | | | |
| □□ | | | | |
| □□ | | | | |
| □□ | | | | |
| □□ | | | | |
| □□ | | | | |
| □□ | | | | |
| □□ | | | | |
| □□ | | | | |
| □□ | | | | |
| □□ | | | | |
| □□ | | | | |
| □□ | | | | |
| □□ | | | | |

| 単語／熟語 | 意味 | 単語／熟語を書こう | | |
|---|---|---|---|---|
| □□ | | | | |
| □□ | | | | |
| □□ | | | | |
| □□ | | | | |
| □□ | | | | |
| □□ | | | | |
| □□ | | | | |
| □□ | | | | |
| □□ | | | | |
| □□ | | | | |
| □□ | | | | |
| □□ | | | | |
| □□ | | | | |
| □□ | | | | |
| □□ | | | | |

# さくいん

※見出し語番号(ID)を表示しています。

## 単語編

## 熟語編